Mohammed Worku Adem

Agroflorestas baseadas no café na Etiópia

Mohammed Worku Adem

Agroflorestas baseadas no café na Etiópia

Estrutura da vegetação e diversidade e composição das espécies arbóreas em diferentes níveis de manejo do café

ScienciaScripts

Imprint

Any brand names and product names mentioned in this book are subject to trademark, brand or patent protection and are trademarks or registered trademarks of their respective holders. The use of brand names, product names, common names, trade names, product descriptions etc. even without a particular marking in this work is in no way to be construed to mean that such names may be regarded as unrestricted in respect of trademark and brand protection legislation and could thus be used by anyone.

Cover image: www.ingimage.com

This book is a translation from the original published under ISBN 978-3-659-86224-3.

Publisher:
Sciencia Scripts
is a trademark of
Dodo Books Indian Ocean Ltd. and OmniScriptum S.R.L publishing group

120 High Road, East Finchley, London, N2 9ED, United Kingdom
Str. Armeneasca 28/1, office 1, Chisinau MD-2012, Republic of Moldova, Europe
Printed at: see last page
ISBN: 978-620-3-56598-0

ÍNDICE

PREFÁCIO

Atualmente, um ecossistema agroflorestal nos trópicos é cada vez mais considerado pelo seu potencial de conservação da biodiversidade. Existem diferentes agroflorestas baseadas no café na Etiópia que variam nos seus níveis de gestão, desde pouco (por exemplo, café semi-florestal) até ao cultivo intensivo (por exemplo, plantação comercial de café). Explorar a biodiversidade neste agroecossistema e os impactos da gestão existente no seu ecossistema e serviços económicos é vital para desenvolver uma diretriz de gestão a seguir para melhorar os seus serviços. Embora alguns estudos sobre esse assunto tenham sido realizados em agroflorestas cafeeiras menos manejadas durante os últimos anos, não há uma pesquisa única que estude um gradiente de níveis de manejo. Este trabalho de pesquisa é um esforço para suprir essa deficiência e indicar a estrutura vegetacional existente e a diversidade e composição de espécies arbóreas nas agroflorestas cafeeiras que estão sendo manejadas em diferentes níveis.

Este livro foi elaborado como conclusão do estudo de mestrado em Florestas Tropicais na Universidade Técnica de Dresden (TUD), Alemanha, em 2013, e contém dados de fontes publicadas e de um inquérito de campo. Está organizado em seis capítulos principais: Contexto geral e justificação, Revisão da literatura, Material e método, Resultados, Discussão e Conclusão. No contexto geral, são elaboradas as mudanças sociopolíticas e a degradação ambiental na Etiópia, a importância das agroflorestas para a conservação da biodiversidade, o problema e a justificação do estudo, as hipóteses de investigação e as questões relativas à hipótese de perturbação intermédia (IDH) e os objectivos do estudo. Na revisão da literatura, são discutidos os papéis das agroflorestas cafeeiras, as técnicas de cultivo do café, as definições e conceitos de agrofloresta e conservação da biodiversidade, e a estrutura e biodiversidade das agroflorestas cafeeiras. Os locais de estudo e os métodos de recolha e análise de dados são descritos no material e método. Os resultados do estudo são apresentados e descritos tanto dentro como ao longo de um gradiente de gestão na secção de resultados. Na secção de discussão, os resultados são discutidos em relação ao IDH e aos efeitos a longo prazo dos actuais manejos do café sobre a diversidade e a composição das espécies arbóreas e sobre os serviços ecossistémicos e económicos das agroflorestas baseadas no café. Finalmente, as principais constatações, algumas recomendações e limitações do estudo são brevemente apresentadas na secção de conclusões e recomendações.

Várias pessoas e instituições contribuíram para este trabalho de investigação. Uta Berger e ao meu co-orientador Dr. Andre Lindner pelo seu tempo, valiosos contributos e apoio a esta investigação. Além disso, gostaria de agradecer ao Instituto Internacional de Silvicultura e Produtos Florestais da TUD pelos seus serviços administrativos, e ao Mundus ACP e à TUD pelo financiamento do transporte e das despesas de subsistência durante o meu período de estudo na Alemanha e a investigação de campo na Etiópia, respetivamente. Agradeço também aos proprietários de explorações de café e à Limmu Coffee Plantation, na Etiópia, a autorização para recolher dados nas suas explorações e a orientação durante a recolha de dados. Agradece-se às pessoas que prestaram assistência útil durante o planeamento, a recolha de dados e a redação da investigação. Tessema Astatkie da Universidade de Dalhousie pelo seu apoio editorial e sugestões construtivas sobre a versão final deste livro. As fontes de todas as tabelas, figuras e ideias que não pertencem ao autor são devidamente citadas. Agradeço a todos os autores e editores das várias fontes utilizadas. Lamentamos qualquer deturpação de ideias, citações incorrectas ou outros erros que possam ter ocorrido. Por último, gostaria de agradecer à minha família e amigos por terem sido prestáveis e me terem apoiado durante todo o período de estudo.

Mohammed Worku Adem

Jimma, Etiópia

março de 2016

RESUMO

A produção de café na Etiópia é totalmente feita à sombra e categorizada em quatro grandes sistemas de produção, nomeadamente o café de floresta (CF), o café "semi-florestal" (SFC), o café de plantação (PC) e o café de jardim. O CF, o SFC e o PC são desenvolvidos através da alteração da estrutura das florestas naturais e o nível de gestão varia entre pouca ou nenhuma intervenção no CF e o cultivo intensivo no PC. Exceptuando alguns estudos pioneiros que compararam a SFC e a FC com especial interesse para a conservação da população de café selvagem, não foi estudada de forma crítica uma visão detalhada dos valores ecológicos, sociais e económicos das grandes agroflorestas baseadas no café no sudoeste da Etiópia. Além disso, não há nenhum estudo que tenha avaliado a diversidade e a composição das espécies arbóreas na PC e a tenha comparado com outros sistemas. A este respeito, existe uma lacuna de conhecimentos sobre o número de espécies e comunidades de árvores atualmente existentes nos PC, e sobre a influência da intensificação da gestão do café de um FC para um PC na biodiversidade e na estrutura da vegetação. Preencher essa lacuna de conhecimento foi o objetivo geral desta pesquisa e a hipótese de pesquisa é que a intensidade do manejo afeta a biodiversidade em um ecossistema cafeeiro-agroflorestal. Para testar essa hipótese, em primeiro lugar, foram avaliadas a diversidade e a composição de espécies arbóreas e outras espécies lenhosas, além da estrutura da vegetação em CF, SFC e PC. Em segundo lugar, foram analisados os efeitos do manejo do café sobre a diversidade de espécies arbóreas na CF, SFC e PC em relação à Hipótese de Perturbação Intermediária (IDH). Para essa análise, foram usadas quatro fontes publicadas que comparavam a CF com a SFC em Yayu, Bonga, Berhane-Kontir e Jimma (Gera, Garuke e Feche) e dados de campo coletados em 62 parcelas na SFC e PC em Gumer e Kossa, SW da Etiópia. Os resultados mostraram uma redução da diversidade de espécies lenhosas e uma alteração da composição das espécies ao longo do gradiente de gestão (SFC-SFC-PC). Por exemplo, em comparação com o CF, o número de espécies lenhosas no SFC em Yayu diminuiu 40% e as lianas, pequenas árvores e arbustos em Berhane-Kontir 50%, e a riqueza total e média de espécies arbóreas no café em semi-plantação (SPC) em Jimma passou de 44 para 26 e de 11,2 para 4,4, respetivamente. A diversidade no SFC também diminuiu com a duração e/ou intensidade da gestão, e a diversidade mais baixa foi registada no antigo SFC e no SPC. Além disso, foi registada em Gumer uma menor riqueza de espécies arbóreas no PC do que no SFC. Do mesmo modo, registou-se uma alteração na composição de espécies e na ordem de dominância de CF para PC. Em Berhane-Kontir, por exemplo, as formas de crescimento dominantes no SFC foram as árvores de médio a grande porte, enquanto que no PC foram as lianas, os arbustos e as árvores. Em Jimma, o SPC tinha uma composição comunitária diferente da do FC e do SFC. Em Gumer e Kossa, registou-se uma dominância relativamente maior de espécies arbóreas pioneiras, como Albizia sp, Acacia abyssinica e Croton macrostachyus, no PC do que no SFC. Também se registou uma variação estrutural entre os sistemas de produção e dentro do SFC, mas foi inconsistente nas variáveis e nos locais. Por exemplo, variações entre CF e SFC na área basal e entre SFC e PC nas densidades de troncos de árvores e plantas de café foram observadas apenas em

Yayu e Berhane-Kontir, e Kossa, respetivamente. Nas CF e SFC de Berhane-Kontir, Yayu e Jimma, a maior densidade de plantas ou de caules foi registada nas classes mais baixas de DAP ou de altura. No entanto, nos SFC e PC de Gumer e Kossa, a densidade mais elevada de caules de árvores foi registada nas classes mais altas de dbh (>20 cm). Em geral, o estudo mostrou uma redução consistente da diversidade florística e uma mudança na composição florística ao longo do gradiente FC-SFC-SPC-PC devido às práticas de cultivo ou perturbações contínuas neste gradiente. O resultado final foi a dominância de uma comunidade de poucas espécies arbóreas pioneiras e a perda de espécies florestais nos sistemas intensivamente cultivados, como SPC e PC, confirmando a teoria IDH com alto nível de perturbação. Assim, são necessárias estratégias de gestão que se centrem no equilíbrio entre a diversidade das espécies arbóreas e a produção de café para a utilização sustentável das grandes agroflorestas baseadas no café que existem no sudoeste da Etiópia.

CAPÍTULO 1. ANTECEDENTES E JUSTIFICAÇÃO

1.1. Introdução

Nas últimas décadas, registaram-se mudanças sociopolíticas drásticas na Etiópia. Estas mudanças sociopolíticas ocorreram paralelamente a um aumento do esgotamento dos recursos naturais e da deterioração ecológica. Por exemplo, a população cresceu de 30 milhões para mais de 100 milhões (em 2016) e a cobertura florestal total diminuiu de 65% antes da década de 1950 para cerca de 2,2% em 2000 (Banco Mundial 2001). As florestas tropicais de Afromontane estão fragmentadas e reduzidas a cerca de 2,5% (Denich et al. 2008).

Consequentemente, surgiram novas realidades socio-ambientais que colocam grandes desafios às estratégias tradicionais de investigação e desenvolvimento. Uma vez que conduz a conflitos sociais e de utilização dos recursos, a conservação do ambiente em países pobres e densamente povoados como a Etiópia não pode depender inteiramente de modelos que limitem a utilização humana dos recursos naturais. A sobrevivência das populações rurais na Etiópia continua a basear-se na utilização dos recursos terrestres. A agricultura é uma das formas mais generalizadas de utilização dos recursos e a que tem causado graves degradações ambientais. No entanto, nem todos os sistemas agrícolas existentes têm graves impactos negativos no ambiente. Existem numerosos agroecossistemas que têm potencial para manter níveis mínimos de degradação dos recursos e de impacto nas paisagens circundantes. Um ecossistema agroflorestal é um desses agroecossistemas.

A agrofloresta é um sistema de uso da terra que incorpora árvores com culturas agrícolas e/ou animais, em que as suas interações ecológicas são geridas para produtos e benefícios sociais, económicos e/ou ambientais (Nair 1993). Para além das principais culturas, os componentes arbóreos dos ecossistemas agroflorestais contribuem para a subsistência das comunidades rurais e desempenham um papel importante na conservação da biodiversidade. Muitos pesquisadores, particularmente na América do Sul e Central, relataram esse fato (por exemplo, Rice 2008, Méndez et al. 2010, De Souza et al. 2012).

A Etiópia é conhecida pelas suas produções de café em pequena escala sob árvores de sombra, desenvolvidas maioritariamente através da alteração da estrutura da vegetação das florestas naturais. A exploração das potencialidades deste ecossistema agroflorestal para a conservação da biodiversidade e a economia rural produzirá informações vitais, que podem ser utilizadas para desenvolver uma orientação de gestão no futuro, a fim de melhorar os seus serviços ecológicos e económicos. Este é o objetivo geral desta investigação e a hipótese de investigação é que a intensidade da gestão afecta a conservação da biodiversidade no ecossistema agroflorestal baseado no café.

1.2. Problemas e justificação

No atual contexto de desflorestação, um ecossistema agroflorestal nos trópicos é cada vez mais considerado pelo seu potencial para a conservação da biodiversidade. A par dos valores recentemente reconhecidos dos ecossistemas agroflorestais como potenciais habitats e refúgios para diversos taxa e da óbvia economia do café, existe também uma dependência de diversos produtos integrantes destes sistemas (Méndez et al. 2010).

No sudoeste da Etiópia, a desflorestação e a conversão de florestas em explorações de café aráveis ou "semi-florestais" e parcialmente sombreadas constituem uma ameaça crescente para as florestas naturais e as suas populações de café selvagem (Wakjira 2007). Considerando apenas a plantação de café, por exemplo, 19.509 ha de plantações de café em grande escala pertencentes ao Estado estão a funcionar há mais de 3 décadas nas áreas de Limu, Tepi e Bebeka (CPDE 2011). Além disso, mais de 43 projectos de plantação de café e chá com uma área total de mais de 10.451 ha (7.016 ha de café e 3.435 ha de chá) na zona de Sheka e mais alguns nas zonas de Bonga e Bench-Maji receberam recentemente licenças e estão a operar em terras florestais (Woldemariam e Fetene 2007). Existe também uma expansão das plantações de café em pequena escala em resposta aos melhores preços à saída da exploração e aos serviços de extensão agrícola prestados pelo Ministério da Agricultura. Por outro lado, um estudo recente mostrou uma taxa de desflorestação mais baixa nas zonas de produção de café do sudoeste da Etiópia do que noutras zonas da região (Hylander et al. 2013). Como este processo continua, a configuração atual de um sistema de café-árvore representaria uma mudança importante na estratégia de utilização das terras para manter o processo ecológico e a integridade da paisagem, enquanto os agricultores recebem benefícios socioeconómicos.

Na Etiópia, existem quatro grandes sistemas de produção de café, nomeadamente o café de floresta (não gerido "selvagem") (FC), o café de "semi-floresta" (floresta gerida) (SFC), o café de jardim (café cultivado com outras culturas) (GC) e o café de plantação (comercial moderno) (PC). As suas práticas de gestão variam entre poucas ou nenhumas intervenções no CF e uma elevada utilização de variedades melhoradas, insumos químicos e podas no PC (para mais pormenores, ver secção 2.2, Wiersum 2010). Isso resulta em uma estrutura de copa, composição de espécies, genótipo de café e produtividade distintos entre esses sistemas. A estrutura e a composição de espécies dos sistemas CF e SFC no sudoeste e sudeste da Etiópia foram descritas e analisadas por muitos cientistas para determinar os impactos do homem nesses sistemas (por exemplo, Gole 2003, Schmitt 2006, Senbeta 2006, Senbeta e Denich 2006, Gole et al. 2008, Schmitt et al. 2009). O potencial dos agroecossistemas cafeeiros em termos de serviços ecossistémicos, tais como a conservação da biodiversidade, a conservação do solo, o sumidouro de carbono, a produção de folhagem e a renovação da matéria orgânica, tem sido relatado noutros países (Beer et al. 1998, Méndez 2004, Polzot 2004). No entanto, à exceção de alguns estudos pioneiros, que utilizaram sistemas de café "semi-florestais" para comparar os impactos humanos nas florestas naturais, com especial atenção para a conservação das populações de café selvagem, não foi avaliada de forma crítica uma visão detalhada dos valores ecológicos, sociais e económicos das grandes agroflorestas baseadas no café (CAFs) presentes no sudoeste da Etiópia. Além disso, faltam estudos que comparem um sistema de plantação de café com outros sistemas. A este respeito, há uma lacuna de conhecimentos sobre a quantidade de biodiversidade existente no sistema moderno de produção de café de plantação e sobre o modo como a intensificação da gestão do café de um sistema de produção tradicional para um sistema de produção moderno afecta a biodiversidade e a estrutura da vegetação do sistema. Portanto, esta pesquisa foi planejada para preencher essa lacuna de conhecimento e ampliar a atenção dada ao café de floresta em relação ao CAF, do ponto de vista da conservação da diversidade de espécies arbóreas e da estrutura da vegetação.

1.3. Hipóteses de investigação e questões de investigação

A hipótese da perturbação intermédia (IDH) (Fig. 1, Connell 1978) fornece um quadro teórico adequado para o estudo dos efeitos das perturbações na diversidade das árvores. De acordo com esta hipótese, a diversidade é mais elevada num nível intermédio de perturbação e mais baixa nos extremos dos gradientes de perturbação devido à exclusão de espécies com determinados grupos funcionais. Se a floresta estiver em sucessão logo após a perturbação ou se as perturbações forem frequentes ou grandes, especialmente as espécies adaptadas a perturbações fortes encontrarão um nicho adequado para se estabelecerem e crescerem, ao passo que, simultaneamente, as espécies de crescimento lento e tolerantes à sombra não poderão atingir a maturidade. O mesmo raciocínio é válido para o inverso. Em níveis intermédios de perturbação, haverá muitos nichos diferentes que permitirão a coexistência de muitas espécies.

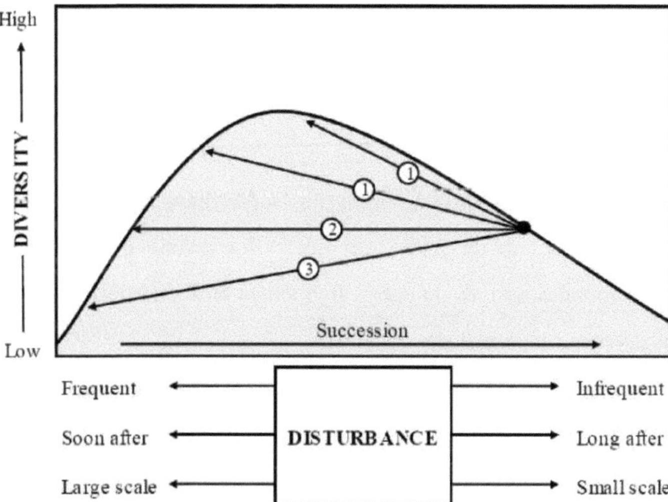

Figura 1 A Hipótese de Perturbação Intermédia. A hipótese de uma diversidade baixa ocorre tanto a níveis de perturbação elevados (frequentes, pouco tempo depois e em grande escala) como baixos (pouco frequentes, muito tempo depois e em pequena escala), enquanto que uma diversidade elevada é atingida a níveis intermédios de perturbação (Connell 1978).

Dependendo da fase de sucessão da floresta, o aumento da perturbação (por exemplo, desbaste) pode resultar em 1 aumento da diversidade, 2 igualdade de diversidade ou 3 diminuição da diversidade (Fig. 1).

Como se descreve na secção 2.2, os sistemas de produção de café "semi-florestal" e de plantação no Sudoeste da Etiópia foram desenvolvidos através da modificação da estrutura das florestas tropicais naturais, com ou sem cafés silvestres como sub-bosque. Esta modificação inclui o desbaste das pequenas árvores e arbustos no andar inferior e das grandes árvores na copa superior. Esta perturbação na floresta pode criar uma variação espacial e temporal nas condições ambientais, proporcionando diferentes nichos para espécies com diferentes estratégias de história de vida.

Assim, pode-se esperar que o efeito do manejo do café sobre a diversidade de espécies siga as previsões do IDH. Dependendo de sua intensidade e duração, o aumento das práticas de manejo em fazendas de café sombreado aumentará ou diminuirá a diversidade de espécies arbóreas. Além disso, os efeitos a longo prazo das práticas de manejo que resultam em mudanças na dinâmica populacional, o desbaste seletivo de espécies de árvores de sombra nas fazendas de café terá um impacto desproporcionalmente grande em um pequeno grupo de espécies de árvores. A remoção selectiva de espécies de árvores de sombra de grande porte reprodutivas e inadequadas pode ter consequências para a regeneração dessas espécies de árvores, o que, a longo prazo, afectará toda a população. Além disso, dependendo da idade da exploração e da intensidade da gestão, a remoção dos juvenis das espécies de árvores de sombra selecionadas através de cortes frequentes também afecta a diversidade e a estrutura das árvores nas agroflorestas de café.

Em alternativa, numa situação de rápida degradação florestal e expansão agrícola, pode presumir-se que as CAF desempenharão um papel na conservação da biodiversidade (ver secção 2.4). Por conseguinte, as principais questões de investigação são: qual é o papel das CAF na conservação das espécies arbóreas? Em que medida a intensidade da gestão afecta a diversidade das espécies arbóreas e a estrutura da vegetação de um ecossistema CAF?

Para testar estas hipóteses e questões de investigação, foram investigados os resultados de quatro estudos publicados que compararam a CAF com diferentes tipos de SFC em Yayu, Berhane-Kontir, Harenna, Bonga, e Gera, Garuke e Feche (Gole 2003, Senbeta e Denich 2006, Schmitt 2006, Hundera et al. 2013 a), e dados de campo recolhidos em SFC e PC em Gumer e Kossa.

1.4. Objectivos da investigação

Nas regiões de cultivo de café da Etiópia, em particular na região sudoeste, embora as florestas naturais já estejam degradadas, uma vez que uma vasta área ainda está coberta por CAFs e o café é uma importante fonte de rendimento, um ecossistema CAF desempenhará um papel vital na conservação da biodiversidade na região. Para desenvolver uma estratégia de gestão sustentável para a conservação da biodiversidade e o rendimento do café no futuro, é importante conhecer as consequências da atual gestão do café na composição e diversidade das espécies dos povoamentos de árvores de sombra, bem como a diversidade e composição das espécies de árvores existentes nos diferentes CAFs com diferentes níveis de gestão. O objetivo geral do estudo foi, portanto, elucidar os impactos do manejo do café na diversidade e composição de espécies arbóreas, bem como na estrutura da vegetação ao longo dos diferentes sistemas de produção: floresta, "semi-floresta" e cafés de plantação moderna. Os objetivos específicos foram:

1. Avaliar e comparar a diversidade e a composição das espécies arbóreas (a um nível), bem como a estrutura da vegetação nas Zonas de Conservação geridas com diferentes intensidades

2. Examinar os impactos da intensidade do manejo do café sobre a diversidade e a composição das espécies arbóreas nos três sistemas de produção, com base no IDH (Connell 1978)

CAPÍTULO 2. REVISÃO DA LITERATURA

2.1. Funções económicas de um ecossistema agroflorestal baseado no café

Para além dos seus valores ambientais devido ao ambiente florestal, um ecossistema agroflorestal de café sombreado tem benefícios socioeconómicos significativos. Os agricultores obtêm rendimentos não só do café, mas também das árvores e arbustos de sombra que crescem na plantação de café. Fornece lenha, madeira de construção, madeira, frutos, medicamentos e sombra. O sistema pode também ter valores socioculturais que os seres humanos atribuem aos sítios e às espécies, como parte do sentimento, da cultura, da estética, da história ou da religião. Isto é especialmente verdadeiro para as comunidades rurais e florestais.

No Peru e na Guatemala, o consumo e a venda de todos os produtos não cafeeiros das pequenas explorações de café representam 20 a 33% do valor total realizado a partir do ecossistema agroflorestal. A lenha e os frutos representam a maior parte das utilizações e dos valores de troca provenientes das explorações. A lenha pesa 60% e 35% do valor total gerado pela componente sombra na Guatemala e no Peru, respetivamente. O café também representa uma grande parte do rendimento agrícola total em ambos os países (Rice 2008). A análise da contribuição da agrobiodiversidade para os meios de subsistência das pequenas explorações de café e das cooperativas na Nicarágua e em El Salvador mostrou resultados semelhantes. A maioria dos agregados familiares obtinha 50 a 100% do seu rendimento anual do café e 50% da sua lenha das explorações de café (Méndez et al. 2010). Um estudo realizado na zona de Jimma, no sudoeste da Etiópia, registou uma relação positiva entre a segurança alimentar das famílias e os sistemas de utilização dos solos baseados em árvores. O rendimento do agregado familiar proveniente da exploração de café varia entre 200 e 16 000 birr etíopes (15 a 1200 USD, com base na taxa de câmbio de 2010) por ano, com uma média anual de 2 451 birr (184 USD) (Kebebew e Urgessa 2011).

Além disso, a presença de árvores de sombra pode controlar pragas, aumentar a produção até 50% e melhorar o tamanho, a qualidade e o sabor dos grãos de café, variando os níveis óptimos de sombra consoante os climas, as elevações e os solos (Donald 2004). Em Chiapas, no México, um ecossistema agroflorestal complexo de café rústico, composto por cinco estratos, foi correlacionado negativamente com a ferrugem do café *(Hemileia vastatrix* Berk & Br.) e com a cobertura de ervas daninhas (Soto-Pinto et al. 2002). Ela também desempenha um papel na apicultura. Por exemplo, o café e algumas espécies de árvores de sombra, tais como *Acacia sp., Albizia sp, Croton macrostachyus, Cordia africana, Schefflera abyssinica* e algumas outras estão entre a flora apícola mais importante da Etiópia (Ficht e Adi 1994).

2.2. Técnicas de cultivo do café

Os sistemas de cultivo de café em todo o mundo seguem uma linha contínua, que vai desde condições quase selvagens, passando pelo "tradicional", até ao "moderno". O sistema "selvagem" (café de "floresta") é uma cultura de café num ecossistema florestal sem gestão ou com gestão mínima. O sistema tradicional caracteriza-se por uma elevada cobertura de sombra (60-90%), uma baixa densidade de café (1.000-2.000 plantas/ha) e baixos níveis de gestão. O sistema moderno é caracterizado por uma alta dependência de variedades de alto rendimento com plantio denso (3.000-10.000 plantas/ha), insumos químicos, mecanizações e baixos níveis (0-50%) de sombra (Perfecto et al. 1996).

Na Etiópia, há quatro grandes sistemas de produção de café. Estes incluem o café de floresta (FC), o café "semi-florestal" (SFC), o café de jardim (GC) e o café de plantação/moderno (PC) (Fig. 2 & 3), representando cada um, respetivamente, 10%, 35%, 35% e 15% do total da produção nacional de café (Senbeta 2006). Os dois primeiros sistemas são dominantes no Sudoeste da Etiópia e o café de plantação comercial moderno também se encontra nesta região. O sistema de produção de café de jardim é dominado principalmente nas regiões sul, sudeste e leste do país (Fig. 2).

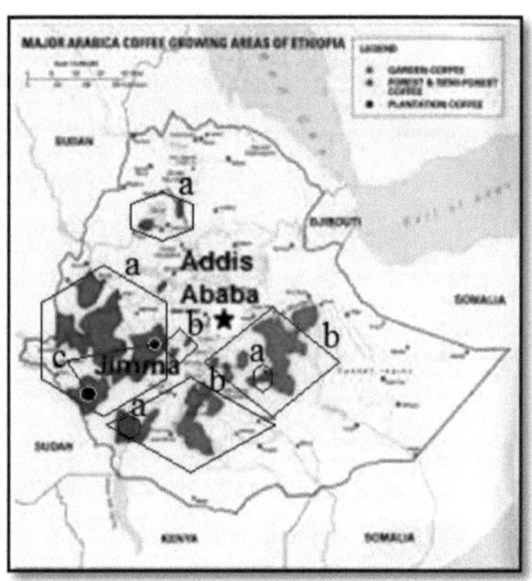

Figura 2 Mapa das principais zonas de cultivo de café da Etiópia: (**a**) FC e SFC, (**b**) GC e (**c**) PC (modificado de Volkmann 2008).

A intensidade do manejo varia de pouca ou nenhuma intervenção na CF ao alto uso de variedades melhoradas, insumos químicos e podas no PC (Fig. 3). A CF e a SFC são consideradas parte dos ecossistemas cafeeiros florestais e ocupam 33% das terras destinadas ao café (Senbeta 2006). A CAF é um sistema de produção em que os grãos de café são simplesmente colhidos de cafés que crescem naturalmente (selvagens) na floresta natural, sem qualquer gestão. O SFC evoluiu do café da floresta natural através do desbaste das pequenas árvores e arbustos que competem com o café no andar inferior e das grandes árvores no andar superior. Também pode ter evoluído a partir do café plantado sob as copas das árvores seletivamente desbastadas das florestas naturais existentes. A este último é dado um nome diferente por diferentes investigadores, por exemplo, SFC- plantação (Gole 2003), café semi-plantação (SPC) (Hundera et al. 2013a); daqui em diante SPC é usado para este sistema. O desbaste das copas das árvores de sombra e a remoção de outras plantas concorrentes são as principais actividades de gestão no sistema SFC. No sistema GC, o café é cultivado com muitas outras culturas, nomeadamente culturas hortícolas, por exemplo, "enset", frutos, especiarias, etc. O café é frequentemente gerido na área em redor da casa do agricultor.

O PC é cultivado sob árvores de sombra selecionadas das florestas naturais em grande escala por cafeicultores privados (investidores) ou pelo Estado. A intensidade das práticas de gestão, como a monda, a poda, a fertilização, o desbaste e outras práticas silvícolas, é mais elevada no PC do que nos outros sistemas.

Figura 3 Imagens dos quatro principais sistemas de produção de café no Sudoeste da

Etiópia: (**a**) FC, (**b**) SFC, (**c**) GC e (**d**) PC.

Fonte: *www. euromab2011.se/index.php?option=com_k2&view=item,* http://nationalzoo.si.edu/scbi/migratorybirds/blog/default.cfm?id=19,http://greenbond e.com/prodn prepar.htm (acedido em 05 de novembro de 2012).

2.3. Definições e Conceitos de Agroflorestação, Biodiversidade e Conservação da Biodiversidade

Na literatura são utilizadas várias definições do termo 'agrofloresta'. De acordo com Leakey (1996), a agrossilvicultura é "um sistema dinâmico de gestão dos recursos naturais, de base ecológica, que, através da integração de árvores nas explorações agrícolas e na paisagem, diversifica e sustenta a produção para aumentar os benefícios sociais, económicos e ecológicos". A biodiversidade também consiste numa hierarquia de definições, desde o nível molecular, passando pelos taxa, até ao nível da paisagem. A Convenção das Nações Unidas sobre a Diversidade Biológica define a biodiversidade como "a variabilidade entre os organismos vivos de todas as origens, incluindo, *entre outros,* os ecossistemas terrestres, marinhos e outros ecossistemas aquáticos e os complexos ecológicos de que fazem parte; isto inclui a diversidade dentro das espécies, entre espécies e dos ecossistemas" (Atta-Krah et al. 2004). Esta definição reconhece três níveis principais: diversidade de ecossistemas, diversidade de espécies e diversidade genética. A biodiversidade também pode ser definida em termos de conjunto de espécies no espaço, como "-diversidade (diversidade de espécies num determinado habitat ou comunidade), 0-diversidade (o grau de diferenciação da comunidade em relação a um gradiente complexo de ambiente) e y-diversidade (diversidade de espécies de um número de comunidades numa paisagem inteira, ou uma resultante de a- e 0-diversidades) (Whittaker 1960). Este estudo centrou-se na "-diversidade", uma vez que comparou o número de espécies de árvores de sombra, geridas sob diferentes sistemas de produção de café no mesmo local. Recentemente, a diversidade de traços e a diversidade filogenética foram introduzidas na investigação sobre a avaliação da biodiversidade, uma vez que a estimativa da diversidade de espécies, por si só, não pode medir totalmente as diversidades dentro de uma espécie. Mas a sua utilização é dispendiosa e exige mais conhecimentos técnicos e instalações laboratoriais do que a avaliação da diversidade de espécies.

A diversidade dos ecossistemas refere-se à variação entre ecossistemas numa paisagem, incluindo a variedade de processos ecológicos ou habitats. A diversidade de espécies é o número de espécies diferentes que estão representadas num conjunto de indivíduos. A diversidade genética refere-se ao número total de caraterísticas genéticas na composição genética de uma espécie. A diversidade de espécies é constituída por duas componentes, a riqueza e a regularidade das espécies. A riqueza de espécies é uma simples contagem de espécies, enquanto a equitabilidade das espécies quantifica o quão iguais são as abundâncias das espécies (Hill 1973, Tuomisto 2010). As espécies são as unidades de diversidade que os ecologistas conseguem contar melhor e, por isso, são frequentemente utilizadas como uma medida prática da diversidade (Atta-Krah et al. 2004). A diversidade de caraterísticas tem-se centrado na riqueza de caraterísticas (a quantidade de espaço de nicho preenchido por espécies na comunidade), na uniformidade de caraterísticas (a regularidade das espécies dentro do espaço de nicho ou a uniformidade da abundância dentro do espaço de nicho) e na divergência de caraterísticas (falta de definições adequadas) (Pavoine e Bonsall 2011).

No passado, a conservação da biodiversidade foi entendida principalmente em termos da gestão de florestas naturais e áreas protegidas, ignorando o possível papel dos habitats geridos e as formas através das quais as comunidades rurais promoveram a biodiversidade nos seus sistemas de produção agrícola de subsistência (Perfecto et al. 1996). No entanto, atualmente é bem reconhecido que a biodiversidade não é um problema apenas das florestas, parques e outros ecossistemas naturais não geridos, mas também dos agroecossistemas (Atta-Krah et al. 2004, Swallow et al. 2006). A biodiversidade agrícola inclui todos os componentes da diversidade biológica relevantes para a alimentação e a agricultura, tais como culturas, árvores, peixes e gado, e todas as espécies de polinizadores, simbiontes, pragas, parasitas, predadores e competidores que interagem entre si (Atta-Krah et al. 2004). Ao incorporar espécies adicionais (árvores e arbustos) na agricultura, um ecossistema agroflorestal contribui para a biodiversidade agrícola e proporciona um refúgio para os organismos que vivem na floresta. Um desses agroecossistemas é um sistema tradicional de produção de café.

Nas últimas décadas, numerosas investigações (por exemplo, Méndez 2004, Jha e Vandermeer 2010, Méndez et al. 2010, De Souza et al. 2012), particularmente na América Central e do Sul, mostraram o potencial de conservação da biodiversidade dos agroecossistemas cafeeiros.

2.4. Biodiversidade em um ecossistema agroflorestal baseado em café

As zonas de cultivo de café situam-se em grande parte em áreas identificadas como hotspots de biodiversidade (Donald 2004), que são zonas com concentrações excepcionais de espécies endémicas e que sofrem uma perda excecional de habitat (Myers et al. 2000). A maior parte da produção de café em muitas regiões, incluindo o sudoeste da Etiópia, é realizada em terras que anteriormente eram florestas, pelo que tem sido historicamente uma causa de desflorestação. Por exemplo, as plantações de café na América Central e do Sul constituem cerca de 54% das terras de cultivo permanentes que substituíram as florestas tropicais nubladas e pré-montanas (Donald 2004). No entanto, em muitas áreas que sofreram uma desflorestação grave, os sistemas de café de sombra podem agora representar um refúgio importante para o biota florestal, especialmente para os taxa não especializados (Perfecto et al. 1996). Este facto foi aprofundado nos próximos parágrafos através de uma série de resultados de investigação.

Na região da floresta tropical brasileira, De Souza et al. (2012) identificaram um total de 231 espécies de árvores, 87 nas agroflorestas (AFs) e 178 nos fragmentos florestais (FFs). A riqueza de espécies arbóreas variou de 15 a 41 espécies e 12 a 20 famílias nas FAs individuais, e de 54 a 70 espécies e 24 a 28 famílias nos FFs. No geral, 38% das espécies de árvores (33 espécies) que estavam presentes pelo menos numa das FAs também ocorreram pelo menos numa das FFs, e ambos os sistemas partilharam 13% do número total de espécies. Na Nicarágua e em El Salvador, os agregados familiares geriam 100 espécies de árvores de sombra e epífitas, culturas alimentares e plantas medicinais em pequenas explorações de café (Méndez et al. 2010). Uma revisão feita por Méndez (2004) mostrou uma variação de 90 a 120 espécies de árvores nativas nos agroecossistemas de café rústico do México e de 19 a 77 espécies de árvores na Costa

Rica, Nicarágua e El Salvador. As fazendas e florestas de café de El Salvador compartilhavam 16% do total (227) de espécies arbóreas identificadas. Os cafeicultores peruanos relataram uma média de oito espécies de árvores em suas áreas de café, com um total de 135 indivíduos/ha, mas os produtores guatemaltecos usam quatro árvores distintas, com um total de 163 indivíduos/ha. No total, 62 espécies foram relatadas pelos cafeicultores na Guatemala e 77 espécies no Peru (Rice 2008). Na Guine'e Forestie're, Guiné, Correia et al. (2010) registaram uma maior riqueza e diversidade de espécies arbóreas nas agroflorestas de café do que em qualquer outro sistema agrícola ou agroflorestal de utilização dos solos, mas significativamente inferior à das florestas naturais. Vários estudos (por exemplo, Perfecto et al. 1996, Gordon et al. 2007) na região da América Central e do Sul também relataram que uma série de espécies de artrópodes, insetos, mamíferos e aves vivem nos vários tipos de agroecossistemas cafeeiros. No entanto, a sua diversidade diminuiu gradualmente à medida que um ecossistema florestal se transformou num café de sombra, e a densidade e a cobertura de árvores de sombra diminuíram ou à medida que a intensidade da gestão aumentou (Méndez 2004). Perfecto et al. (1996) indicaram uma diversidade de artrópodes semelhante ou maior nos cafés sombreados do que nas florestas não perturbadas.

Fora da América Central e da América do Sul, no entanto, os estudos quantitativos sobre a biodiversidade nas CAF são muito limitados. Na Etiópia, há alguns estudos que analisaram diretamente os potenciais de um ecossistema CAF para a conservação da biodiversidade. No sudoeste e no sudeste da Etiópia, onde se encontra café de floresta natural, alguns estudos analisaram os impactos dos seres humanos nas florestas naturais com café selvagem (cafés de floresta) e florestas geridas (cafés "semi-florestais"). Estes incluem os estudos de Gole (2003), Senbeta (2006), Schmitt (2006) e Hundera et al. (2013a). Estes estudos compararam a composição florística e a diversidade do FC e do SFC em Yayu (Zona de Illubabor), em Berhane-Kontir (Zona de Bench-Maji) e Harenna (Zona de Bale), em Bonga (Zona de Kaffa), e em Gera, Garuke e Feche (Zona de Jimma), respetivamente. Em todas as áreas de estudo, o número de espécies lenhosas (exceto em Harenna e Bonga), bem como a diversidade e a equitabilidade de Shannon, foram mais elevados na CF do que na SFC. Em Harenna e Bonga, no entanto, as variações na composição florística entre os dois sistemas foram muito baixas. Por exemplo, o total de espécies lenhosas em CF e SFC em Harenna e Bonga foi 137 e 121, e 95 e 96, respetivamente (ver Quadro 4). Também não houve diferença estatística entre CF e SFC em Berhane-Kontir em termos de árvores de copa grande e média, ervas e epífitas. Do mesmo modo, a diferença entre a CAF e a SFC em termos de diversidade e composição da comunidade em Gera, Garuke e Feche não foi estatisticamente significativa, mas registou-se uma diferença entre a CAF e a SPC (Hundera et al. 2013 a). Além disso, houve variações dentro dos sistemas SFC e a diversidade diminuiu com a duração e a intensidade da gestão (Gole 2003). Por exemplo, o SFC-novo foi significativamente diferente do SFC-antigo e do SPC em termos de número médio de espécies por parcela (ver Quadro 4).

Além disso, houve uma mudança nas classificações de dominância da CF para a SFC. Na CF em Berhane-Kontir, por exemplo, *Rubiaceae* e *Euporbiaceae* eram as famílias dominantes e co-dominantes, enquanto que na SFC, *Moraceae* e *Euphorbiaceae* assumiram, respetivamente, a primeira e a segunda dominância (Senbeta 2006). Do mesmo modo, em Yayu, *Dracaene fragrans* na FC e *Maytenus gracilipes* em todos os tipos de SFC foram as segundas espécies dominantes, a seguir ao café (Gole 2003). O café foi a espécie mais abundante em todos os sistemas de todos os locais de estudo, exceto na floresta secundária (SF) de Yayu, que foi a 2nd espécie mais abundante, a seguir à *Dracaene fragrans*. A sua dominância aumentou de FC para SPC (Gole 2003, Senbeta e Denich 2006).

Mahmood (2008) comparou uma agrofloresta de café de copa mista com um tipo dominado por *Acacia* e *Albizia* (A+A) na área de Haro da zona de Jima, SW da Etiópia. Registou um maior número de espécies de árvores e uma maior diversidade e uniformidade de espécies de Shannon na floresta mista do que no tipo A+A. Por exemplo, foram registadas 29 e 6 espécies de árvores no tipo misto e no tipo A+A, respetivamente.

2.5. Estrutura da vegetação em um ecossistema agroflorestal baseado em café

Dependendo da sua origem e gestão, existem variações entre os CAFs tanto nas estruturas verticais como horizontais da vegetação. Vários resultados de investigação no sudoeste da Etiópia (por exemplo, Gole 2003, Senbeta e Denich 2006, Schmitt 2006, Hundera et al. 2013 a) mostraram variações entre os sistemas CAF e SFC (com algumas excepções), bem como dentro dos sistemas SFC, em termos de densidade, área basal, cobertura do dossel e distribuição da população com base no DAP, na altura ou nas classes de idade das plantas lenhosas cafeeiras e não cafeeiras.

Com base na sombra da copa das árvores, Mahmood (2008) identificou dois tipos de agroflorestas de café na área de Haro, Zona de Jima: (1) tipo de copa de árvores mistas e (2) tipo dominado por *Acacia* & *Albizia* (A+A). O primeiro contém 2-3 camadas de copa e o segundo 2 camadas de copa. No tipo A+A, o estrato superior é constituído por *Acacia* ou *Albizia*, enquanto o segundo estrato é constituído por café. Enquanto que no tipo de copa mista, as árvores grandes e velhas, tais como *Prunus africana, Trichilia emetica* e *Croton macrosatychus* formam a primeira camada superior, *C. macrosatychus* jovem plantada ou regenerada, *Cordia africana* e por vezes *Albizia sp* a segunda camada, e o café a terceira camada inferior.

As constatações de todos esses estudos confirmaram que os CAFs retêm muitas espécies florestais que desempenham um papel fundamental na conservação da diversidade regional de árvores florestais. No entanto, sua diversidade e composição de espécies vegetais, bem como a estrutura da vegetação, são altamente afetadas pela intensidade do manejo do café. Além disso, a maioria dos estudos efectuados no Sudoeste da Etiópia comparou os sistemas SFC com o sistema FC, mas faltam estudos que comparem o sistema PC com os sistemas SFC e FC. A este respeito, os resultados desta investigação contribuirão para preencher esta lacuna de conhecimentos.

CAPÍTULO 3. MATERIAL E MÉTODO

3.1. Descrição do local de estudo

Os dados dos estudos publicados foram recolhidos nas zonas de Yayu, Berhane-Kontir, Bonga (Kayakela), Gera, Garuke e Feche no sudoeste da Etiópia e na zona de Harenna no sudeste da Etiópia (Fig. 4). O sítio de estudo de Yayu situa-se no distrito de Yayu-Hurumu (Woreda) na zona de Illubabor, o sítio de Bonga em Gimbo Woreda na zona de Kaffa, o sítio de Berhane-Kontir em Sheko Woreda na zona de Bench-Maji, o sítio de Gera em Gera Woreda na zona de Jimma, os sítios de Garuke e Feche em Mana Woreda na zona de Jimma e o sítio de Harenna em Mena-Angetu Woreda na zona de Bale. Os dados de campo foram recolhidos nas áreas de Gumer e Kossa, localizadas em Limmu-Kossa Woreda da Zona de Jimma, SW da Etiópia (Fig. 4). Limmu-Kossa é um dos cinco woredas produtores de café conhecidos da Zona de Jimma e Suntu (Limmu-Genet) é a sua capital. O quadro 1 apresenta pormenores sobre as caraterísticas geográficas e ambientais das zonas de estudo.

Quadro 1 Dados geográficos e ambientais dos locais de estudo. Latitude (Lat), longitude (Long), altitude (Alt), precipitação média anual (Rf), temperatura máxima média anual (T_{max}) e temperatura mínima média anual (T_{mini}).

Locais de estudo	Lat	Longo	Alt (masl)	Rf (mm)	T_{max} (^{0}C)	$T_{m.}$ (^{0}C)
Yayu	8°26N	36°03'E	1200-2000	2100	26.1	12.7
Berhane-Kontir	7°N	35°E	900-1810	2200	31.4	13.8
Bonga	7°19N	36°13'E	1520-1780	1700	29.9	8.7
Jimma	7°40N	36°50'E	1780-2100	1580	26.3	14.5
Garuke	7°44N	36°44'E	2000-2100	1580	22.0	15.0
Gumer	7°59'N	36°59'E	1700-1800	1610	25.0	12.0
Kossa	7°57'N	36°53'E	1600-1900	1920	27.0	12.0

Fonte: Gole (2003), JARC (2003), Senbeta e Denich (2006), Aerts et al. (2011), CPDE (2011).

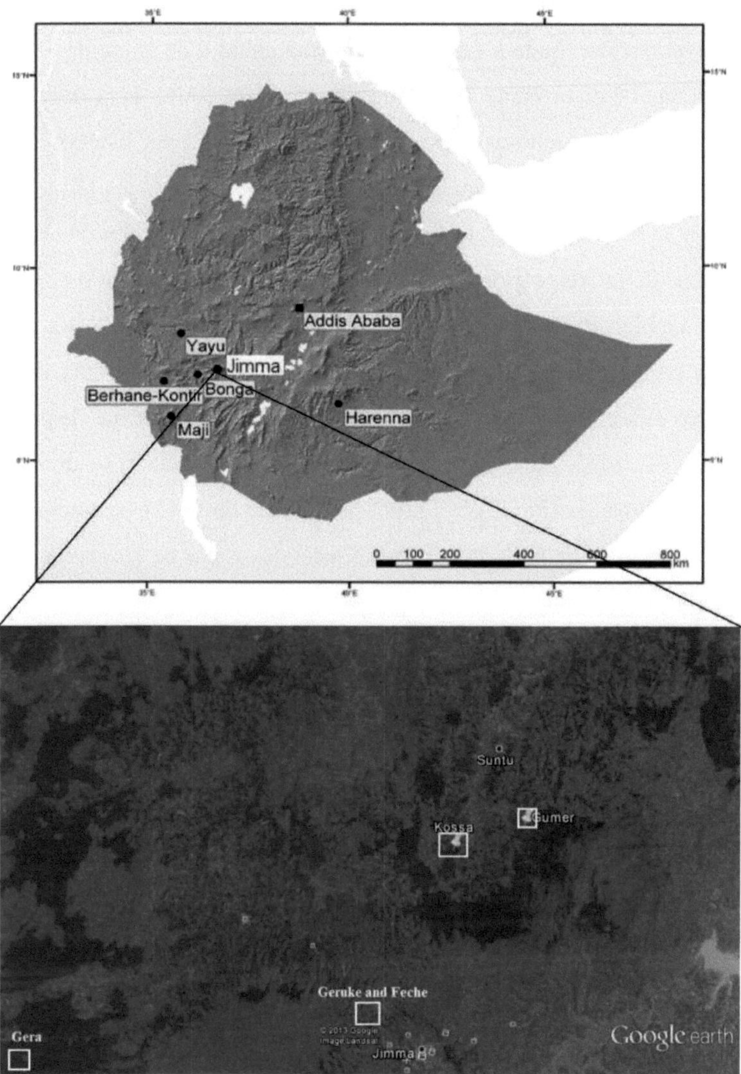

Figura 4 Mapa da Etiópia e localizações dos sítios de estudo nas paisagens dominadas por agroflorestas de café do Sudoeste e Sudeste da Etiópia. As agulhas de papel amarelas na imagem de satélite inferior indicam os locais de recolha de dados no terreno. Modificado de Obso (2006) e ©2013 Google image landsat by Google earth.

A região SW da Etiópia é caracterizada por uma topografia diversificada, floresta tropical natural e precipitação elevada e fiável, com um enorme potencial para uma vasta gama de culturas, incluindo culturas de plantação como o café, o chá, a borracha e semelhantes. A floresta tropical natural ocorre em altitudes entre 1.500 e 2.600 metros acima do nível do mar, onde a temperatura média anual é de cerca de 15-20°C e a precipitação anual é de cerca de 700-1.500 mm (Schmitt 2006). Esta floresta contém mais de 107 espécies lenhosas e pools genéticos de algumas plantas alimentares importantes, como *Coffea arabica* L., *Aframimum corrorima* (Braun) Jansen *(Korarima)* e *Piper capense* L.f. (pimenta longa) (Tulu 2010). É um dos Hotspots de Biodiversidade de interesse global designados pela UNESCO, sendo *a C. arabica* L. uma espécie emblemática (Chilalo e Wiersum 2011). As florestas de Bonga, Yayu e Sheka desta região foram recentemente registadas como Reservas da Biosfera da UNESCO. No sudoeste da Etiópia, todos os quatro principais sistemas de produção de café (ou seja, FC, SFC, PC e GC) estão disponíveis. No entanto, os dois primeiros sistemas são dominantes (Fig. 2), e a produção de café do SFC é a principal fonte de subsistência para mais de 60% da população local nas zonas de cultivo de café desta região (Gole 2003).

As áreas de Yayu, Berhane-Kontir e Bonga têm um clima quente e húmido de floresta tropical, uma elevada cobertura florestal e ferralsols vermelhos (acastanhados) moderadamente ácidos derivados de materiais de origem vulcânica (Gole 2003, Senbeta e Denich 2006, Schmitt 2006). Garuke, Feche, Gera, Gumer e Kossa, situados na zona de Jimma (Fig. 4), têm uma agroecologia quente sub-úmida. A Zona de Jimma tem uma gama de altitudes (880-3,340 m.a.l.) e tipos de vegetação (floresta alta, floresta artificial, bosque, ribeirinhos, arbustos e mato). A precipitação anual total em toda a zona varia entre 1200 e 2400 mm (Petty et al. 2004). A área de Garuke inclui muitos fragmentos florestais isolados geridos para a produção de café. Em comparação, a localidade de Feche tem menos fragmentação florestal, com fragmentos de tamanho superior a 100 ha. O sítio de estudo de Gera contém um sistema de café florestal na Área Prioritária da Floresta Nacional de Belete-Gera, que é uma grande floresta contínua com uma área de mais de 100.000 ha (Hundera et al. 2013a). As áreas de Kossa e Gumer contêm florestas naturais protegidas de Tiro Boter-Becho e Babia-Folla que cobrem 93.822 ha (Ann. 2011) e o abate de espécies de madeira (por exemplo, *Cordia afiricana, Aningeria adolfi-friendericii, Olea welwitschii, Prunus africana* e outras) foi efectuado nas áreas florestais destes locais antes de alguns anos pela Wanza Furnishings Industry PLC. Eles também contêm sistemas de produção de café tradicionais e modernos, e a plantação de café moderna de propriedade do Estado em ambos os locais cobre uma área de terra de mais de 3.194 ha (CPDE 2011). Esta moderna plantação de café foi recentemente certificada pela UTZ e pelas práticas de normas C.A.F.E. da Starbucks (CPDE 2011). Os solos das zonas de Jimma, que incluem Gera, Garuke, Feche, Gumer e Kossa, são dominados por nitossolos, provenientes de materiais de origem vulcânica, e o pH dos solos varia entre 4,5 e 6,9 (CPDE 2011, Hundera et al. 2013a).

A região do sudeste da Etiópia, incluindo o sítio de Harenna, regista uma precipitação anual bimodal com estações chuvosas curtas e longas entre março e abril e agosto e outubro, respetivamente. A floresta de Harenna, uma das poucas manchas de floresta tropical que restam nesta região, também contém populações de café selvagem. Situa-se entre 1.300 e 3.000 metros acima do nível do mar e faz parte do Parque Nacional das Montanhas de Bale. O solo é ácido a ligeiramente ácido, com um pH entre 5,3 e 6,6 (Senbeta e Denich 2006).

3.2. Seleção do local de amostragem e conceção da investigação

Para comparar os efeitos da intensidade do manejo sobre a estrutura da vegetação e a composição e diversidade das espécies lenhosas, foram analisados os resultados de quatro estudos publicados (Gole 2003, Senbeta e Denich 2006, Schmitt 2006, Hundera et al. 2013a) e dados de campo coletados nas mesmas áreas e de forma semelhante aos dos estudos publicados. Esses estudos publicados compararam os efeitos da gestão do café sobre a estrutura, a diversidade e a composição das espécies nas CF e SFC em Yayu, Berhane-Kontir e Harenna, Bonga, e Gera, Garuke e Feche, respetivamente. Os dados de campo foram recolhidos nas SFC e PC em Gumer e Kossa. Para garantir a comparabilidade entre ambas as fontes de dados, o desenho de amostragem descrito nos estudos publicados foi seguido para a recolha de dados de campo da seguinte forma: Foram utilizadas parcelas de 20 m x 20 m para árvores e arbustos de grande porte, incluindo o café, e parcelas de 5 m x 5 m para árvores e cafés jovens, pequenos arbustos e outras plantas lenhosas.

A recolha de dados no terreno foi realizada de março a maio de 2013 nas agroflorestas selecionadas de café gerido tradicionalmente e de grandes plantações modernas de café do Estado. Foi realizada em duas fases: (1) identificação e seleção de agroflorestas de café representativas de SFC e PC nos locais de Gumer e Kossa (ver secção 2.2. para descrição de abreviaturas); e (2) estudos detalhados sobre a diversidade de espécies de árvores e a estrutura da vegetação nas agroflorestas de café selecionadas. Todos os procedimentos e actividades da investigação estão resumidos no seguinte quadro de investigação (Fig. 5).

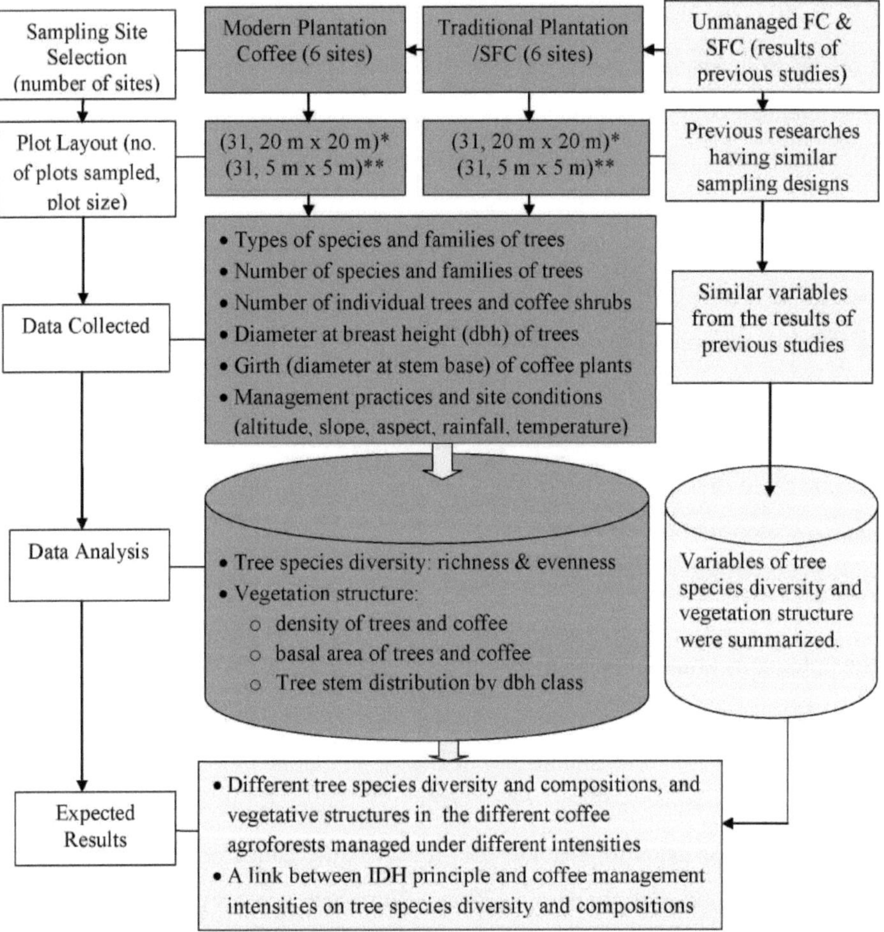

Figura 5 Um quadro de investigação que mostra um resumo dos procedimentos e concepções de investigação, dos dados recolhidos e das actividades de análise de

dados. *tamanho da parcela para árvores e cafés "maduros", **tamanho da parcela para plântulas e mudas.

Antes da amostragem, foi realizado um levantamento de reconhecimento em cada sistema SFC e PC para identificar as principais variações dentro de ambos os sistemas. Esse levantamento utilizou observações visuais sobre os principais tipos de árvores e níveis de sombra, altitude e declive do terreno cafeeiro, e entrevistas com agricultores sobre a história, origem ou idade das fazendas de café e intensidade das práticas de manejo (derrubada, plantio, poda e desbaste). Assim, três tipos principais de agroflorestas de café (designados CAFT 1-3), variando nos critérios acima mencionados, foram identificados em cada SFC e PC em ambos os sítios (Quadros 2 e 3). Há cerca de 30-40 anos, o CAFT I era um mosaico de fazendas de café e agrícolas, o CAFT II era principalmente uma fazenda de café e algumas de suas partes eram usadas para produção agrícola, e o CAFT III era uma floresta. Atualmente, eles contêm principalmente espécies arbóreas de pouquíssimas pioneiras (espécies de sucessão inicial), uma mistura de pioneiras, intermediárias (espécies que podem atuar como pioneiras ou clímax) e poucas clímax (espécies de sucessão tardia), e algumas clímax, respetivamente. Além disso, ambos os sistemas SFC e PC no CAFT I e II e PC no CAFT III contêm cafés plantados. No entanto, o SFC no CAFT III contém tanto cafés plantados quanto regenerados naturalmente. As mudas de café regeneradas naturalmente que crescem nos espaços dos cafés plantados do SFC nos CAFT I e II também são mantidas (para os detalhes das descrições dos CAFTs, ver Quadros 2 e 3). Consequentemente, o sistema SFC dos CAFTs selecionados pode ser referido como SPC (ver também a secção 2.2. para descrição do SPC). No entanto, uma vez que o SPC não é comummente utilizado, utilizou-se o SFC neste estudo.

Com base nas informações do inquérito, foi selecionado um total de 12 locais de amostragem (1 de cada 3 CAFTs nos 2 sistemas e 2 locais) (Quadro 2). Para reduzir os efeitos de confusão do ambiente e da gestão nos resultados, cada local de amostragem, em ambos os sistemas e em cada local, foi selecionado com base na semelhança da história do uso da terra e das caraterísticas fisiográficas (Fig. 6). Um total de 62 parcelas (34 em Gumer e 28 em Kossa) foram colocadas ao longo de transectos em todos os 12 locais (Quadro 2), com uma distância de 40 a 70 m entre parcelas e >50 m do limite da exploração para reduzir os efeitos de borda. O número de parcelas por local foi adaptado à dimensão total do terreno das explorações SFC e à homogeneidade espacial de cada local no que diz respeito à altitude, declive e aspeto (considerando SFC e PC). Por esta razão, o número de parcelas por local e por sistema variou de 3 a 10 (ver Apêndice 1 para descrições pormenorizadas de cada parcela). Para amostrar árvores de diferentes tamanhos, foi utilizado um desenho de parcela aninhada com tamanho de 20 m x 20 m (para árvores e arbustos grandes, incluindo café) e 5 m x 5 m (para mudas e rebentos de árvores e cafés, e outras plantas lenhosas pequenas) (Russell 1996). Em cada parcela, foram registados dados sobre a vegetação e dados geográficos (Fig. 5).

Quadro 2 Número de sítios e parcelas, e práticas de manejo em cada um dos três tipos identificados de agroflorestas cafeeiras (CAFTs) nos dois sistemas de produção de café.

Localização	CPS	N.º de sítios selecionados	N.º de parcelas amostradas	Práticas de gestão do café*		
				CAFT I	CAFT II	CAFT III
Gumer	SFC	3	17	++	+	±
	PC	3	17	+++	+++	+++
Kossa	SFC	3	14	++,+	++,+	±
	PC	3	14	+++	+++	+++
	Total	12	62			

SPC = sistema de produção de café, +++ = muito intensivo, ++ = intensivo, + = menos intensivo, ++, + = intensivo para algumas parcelas e menos intensivo para outras, ± = menos intensivo.

*As práticas de gestão incluem o corte do mato, a plantação de mudas de café e o corte ou desbaste das árvores

Quadro 3 Histórico de uso da terra dos três tipos identificados de agrofloresta cafeeira (CAFTs) e número de parcelas amostradas em cada CAFT.

CAFT	História da utilização do solo	Pastoreio (atual)	O café existente	N.º de parcelas amostradas*
I	Um mosaico de fazendas de café e agricultura	SFC, Kossa	Plantado	16

| II | Trata-se mais de uma exploração de café (principalmente Kossa) com uma pequena parte de exploração agrícola | SFC, Gumer | Plantado | 32 |
| III | Terras florestais (nunca foram utilizadas para a agricultura) | SFC, Gumer | SFC, plantada e regenerada | 14 |

* Um número igual de parcelas foi amostrado para SFC e PC em cada CAFT identificado no mesmo local.

3.3. Métodos de recolha de dados

Antes de uma coleta de dados detalhada, a metodologia foi testada para melhorar sua precisão e viabilidade nos estudos detalhados. Após a validação da metodologia, a identificação e o inventário das espécies de árvores e a caraterização das estruturas do povoamento [ou seja, densidades de árvores e café, diâmetro à altura do peito (DAP) das árvores e perímetro (diâmetro na base do caule) do café] foram realizados em cada parcela. Para os dados de densidade, foram registados o número de árvores e de cafés individuais, o número de caules das árvores à altura do peito e o diâmetro à altura do peito a 1,3 m acima do solo (medido com um medidor de caules) (ver Fig. 6). Os diâmetros das árvores com contrafortes foram medidos a 1,3 m acima dos contrafortes. Se as árvores tiverem mais do que um tronco principal a 1,3 m, foi medido o dbh de todos os troncos. Se as árvores apresentavam distorções (por exemplo, ramos ou grandes inchaços) a 1,3 m, as medições do dbh foram efectuadas a igual distância acima e abaixo de 1,3 m e os diâmetros médios foram registados. Quatro classes de tamanho de árvores, a saber, "mudas" (diâmetro <5 cm e altura $\geq$0,5 m), mudas (5 cm $\leq$ diâmetro $\leq$10 cm), postes (10 cm < dbh $\leq$20 cm) e "árvores maduras" (dbh >20 cm), foram consideradas para a determinação da densidade. A circunferência das plantas de café foi medida a 40 cm do solo por meio de um paquímetro fabricado no Japão (Fig. 6).

Em cada parcela, foram também registados a altitude, a inclinação, o aspeto e os factores de gestão. A altitude e o aspeto foram registados por GPS 60 (Garmin 2006) fabricado pela Garmin International Ltd. O declive foi estimado por um clinómetro (SUUNTO Finlândia). A magnitude das práticas de gestão baseou-se numa escala de

1 a 4 (em que 1 representa o menos intensivo, apresentado como "±" no quadro 2, e 4 representa o muito intensivo, apresentado como "+++" no quadro 2). As pontuações das práticas de manejo foram baseadas em sinais visíveis das práticas de plantio de café, corte de mato, corte/desbaste e poda de árvores, bem como em entrevistas orais com os agricultores. Quando um mínimo das práticas de manejo listadas foi observado, a pontuação foi um (±) e quando todas foram observadas, a pontuação foi quatro (+++).

O levantamento e a identificação com nomes locais das espécies arbóreas no terreno foram efectuados em consulta com os agricultores. As espécies arbóreas foram identificadas taxonomicamente no terreno com base nos livros de referência ilustrados (Tesemma et al. 1993, Ficht e Adi 1994) e consultando peritos sobre as amostras recolhidas e conservadas na Universidade de Jimma (Fig. 6). Por último, foram registados os nomes locais e científicos das árvores.

Figura 6 Imagens que mostram uma vista parcial dos locais de amostragem selecionados (CAFT II, Gumer), disposição do campo, actividades de recolha de dados no terreno e materiais utilizados para a recolha de dados.

3.4. Análise de dados

Os dados de todas as parcelas foram analisados em relação à estrutura da vegetação (densidade, área basal e distribuição de diâmetros) e à diversidade e composição das espécies de árvores. Em seguida, os resultados da investigação de campo, juntamente com os resultados dos estudos revistos (ver secção 3.2 e Fig. 5), são apresentados para interpretação e discussão.

A teoria da diversidade de espécies tem em conta três fenómenos ecológicos diferentes, ou seja, a riqueza de espécies, a abundância relativa e a regularidade. Todas estas três variáveis de diversidade de espécies arbóreas foram calculadas utilizando o Microsoft Office Excel 2007, de acordo com os índices de diversidade mais comummente utilizados (Hill 1973, Magurran 1988, Mitchell 2007). Os índices utilizados para medir as diferentes variáveis de diversidade variam na sua sensibilidade à dimensão da amostra, raridade das espécies, aleatoriedade das espécies, distribuição da abundância das espécies e perturbação do habitat (Magurran 1988, Stirling e Wilsey 2001). Em consequência, foi utilizada uma combinação de diferentes índices de diversidade, cada um deles descrito nas secções seguintes, para obter uma excelente estimativa da diversidade das espécies arbóreas e uma imagem global das estruturas das comunidades vegetais em cada uma delas e ao longo de um gradiente do sistema de produção de café. Os índices calculados incluem ***Shannon-Wiener, Diversidade de Simpson, Números de Hill (N_1 & N_2), Riqueza de Espécies (riqueza numérica de espécies & densidade de espécies), Equitabilidade de Espécies de Shannon*** e ***Valor de Importância***.

Índice de Shannon-Wiener (H'): - é o índice muito utilizado para comparar a diversidade entre vários habitats. Pressupõe que todas as espécies estão representadas na amostra e que os indivíduos são amostrados aleatoriamente de uma população "indefinidamente grande" ou de uma população independentemente grande. É calculado a partir da equação.

$$H' = -\sum_{i=1}^{s} P_i \ln P_i$$

$$P_i = n_i / N,$$

em que S é o número total de espécies na amostra, P_i é a proporção de indivíduos na espécie i[th], n_i é o número de indivíduos na *espécie i[th]* e N é o número total de indivíduos na amostra. O valor de *H' situa-se* geralmente entre 1,5 e 3,5 e só raramente ultrapassa 4,5. Quanto mais elevado for o valor de *H'*, mais elevada é a diversidade das espécies

(Magurran 1988).

De acordo com Stirling e Wilsey (2001), H' é sensível tanto à riqueza como à equitabilidade das espécies, pelo que é a melhor medida da sua influência conjunta. É também relativamente independente do tamanho da amostra, não é fortemente afetado por espécies raras, não é sensível a diferentes distribuições de abundância de espécies e tem uma região de sensibilidade mais ampla do que o índice de Simpson.

Índice de Diversidade de Simpson (D):- é a probabilidade de dois indivíduos quaisquer, retirados ao acaso de uma comunidade infinitamente grande, pertencerem a espécies diferentes. Calcula-se da seguinte forma

$$D = \sum_{i=1}^{s} P_i^2 = \sum_{i=1}^{s} \left(\frac{n_i(n_i-1)}{N(N-1)} \right)$$ (Para a descrição dos símbolos, ver H)

Os seus valores variam entre 0 e 1 ($0 \leq D \leq 1$), correspondendo os valores próximos de zero a ecossistemas altamente diversificados, enquanto os valores próximos de um correspondem a ecossistemas mais homogéneos ou a um aumento da dominância. A diversidade diminui à medida que D aumenta (Magurran 1988).

Este índice é mais uma medida da dominância de espécies do que da riqueza de espécies, porque é fortemente ponderado para as espécies mais abundantes na amostra e menos sensível à riqueza de espécies. É bem utilizado na avaliação do impacto ambiental para identificar perturbações (Magurran 1988).

Os números de Hill ($N_1 = e^{H'}$ & $N_2 = D^{-1}$) (Hill 1973), como medidas de diversidade de espécies, foram calculados a partir dos índices de diversidade de Shannon (H') e de Simpson (D), porque não são relativamente afectados pela riqueza de espécies e tendem a ser independentes da dimensão da amostra.

Índice de riqueza de espécies: - é um índice baseado no número de espécies por número especificado de indivíduos ou biomassa *(riqueza numérica de espécies)* ou número de espécies por área de recolha especificada *(densidade de espécies)*. A riqueza numérica de espécies *(índice de diversidade de Margalefs)* é calculada como

$$\frac{(S-1)}{logN} = \frac{(S-1)}{lnN},$$

onde S= número total de espécies, e N= número total de indivíduos de todas as espécies. Este índice de riqueza de espécies não é frequentemente sensível a perturbações ambientais e aumenta com a dimensão da amostra (Magurran 1988).

Densidade de espécies (α-diversidade): - foi calculada como o número médio de espécies arbóreas observadas por parcela.

Índice alfa de Fisher (S): - foi calculado como

$$S = \alpha * \left(1 + \frac{n}{\alpha}\right),$$

em que S é o número de espécies na amostra, n é o número de indivíduos amostrados e a é uma constante derivada do conjunto de dados da amostra.

Índice de uniformidade das espécies de Shannon (E): - a uniformidade das espécies é a abundância relativa ou a proporção de indivíduos entre as espécies. O índice de regularidade é utilizado para estimar o grau de regularidade da distribuição dos indivíduos entre as diferentes espécies. É o rácio entre a diversidade observada (H') e a diversidade máxima (H'_{max}) ou o logaritmo natural do número de espécies registadas *(lnS):* Foi calculado como

$$E = H'/H'_{max} = H'/lnS.$$

O valor de E varia entre 0 e 1, sendo que 1 representa uma situação em que todas as espécies são igualmente abundantes, e um valor mais baixo de E indica uma maior dominância. Tal como acontece com H', esta medida de equidade pressupõe que todas as espécies da comunidade são contabilizadas na amostra (Magurran 1988). A equitabilidade de Shannon (E) é o descritor da vegetação (e.g. floresta) como um todo, e a dominância percentual destaca as espécies mais abundantes dentro de cada categoria de vegetação (Gole 2003).

Índice de Valor de Importância (IVI): - é utilizado para descrever e comparar a dominância das espécies nas parcelas (Mitchell 2007). É calculado como

$$IVI = Relative\ dominance + Relative\ density + Relative\ frequency,$$

Onde

$$\text{Relative dominance} = \frac{\text{Basal area of a species}}{\text{Total basal area of all species}} * 100$$

$$\text{Relative density} = \frac{\text{Number of individuals of a species}}{\text{Total number of individuals of all species}} * 100$$

$$\text{Relative frequency} = \frac{\text{Frequency of a species}}{\text{Total sum of frequencies of all species}} * 100$$

Embora o IVI forneça um valor com a importância global de uma espécie, as espécies que ocorrem de forma singular, mas com uma área basal elevada, podem receber a mesma classificação que as espécies amplamente disseminadas, mas com uma área basal reduzida. Além disso, algumas espécies podem ser dominantes num local, mas podem não ocorrer noutros locais. Por conseguinte, a sua dominância local não é apresentada nas estatísticas globais (Mitchell 2007).

Para a ordenação das espécies, foi utilizada a Análise de Correspondência Canónica (CCA), uma técnica de ordenação que assume distribuições unimodais de espécies ao longo de gradientes ambientais e representa a variação nas pontuações das espécies ao longo dos eixos de ordenação (Ter Braak 2003, citado em Senbeta e Denich 2006). A relação entre a resposta das espécies e as variáveis ambientais na presente análise foi assumida como unimodal. Para esta análise, foram utilizadas todas as espécies registadas em todas as parcelas e três dados ambientais (altitude, declive e aspeto) e uma intensidade de gestão. Uma vez que a distribuição das espécies em resposta aos gradientes de gestão não mostrou qualquer padrão, não foi apresentada na secção de resultados. Finalmente, foi efectuada uma ANOVA de duas vias com base nos procedimentos padrão do JMP (versão 10.0.2, SAS Institute, Carolina do Norte). A CCA e os biplots da CCA foram efectuados utilizando o CANOCO versão 4.5.

CAPÍTULO 4. RESULTADOS

Foram efectuadas comparações sobre a diversidade e a composição das espécies arbóreas e as estruturas vegetativas ao longo do gradiente de gestão do café, utilizando dados de campo recolhidos a partir de SFC e PC nos sítios de Gumer e Kossa no SW da Etiópia e alguns relatórios de estudos recolhidos a partir de FC e SFC em vários sítios no SW e SE da Etiópia. Os resultados dos estudos anteriores e do inquérito de campo são apresentados separadamente como CF vs. SFC e SFC vs. PC, respetivamente. Note-se que a SFC nos estudos anteriores também inclui os seus diferentes tipos, por exemplo, SFC-antigo, SFC-novo e SPC (para as suas descrições, ver Quadro 4 abaixo), conforme descrito por Gole (2003) e Hundera et al. (2013a).

4.1. Diversidade de espécies de árvores

Observou-se claramente uma redução da diversidade e da uniformidade das espécies lenhosas ao longo do gradiente FC-SFC-SPC-PC (Quadros 4 e 5). Por exemplo, o número de espécies lenhosas no SPC em Yayu diminuiu 40% em comparação com a FC, ou seja, de 74 espécies na FC para 44 espécies no SPC. O índice de diversidade de Fisher, α, também diminuiu consistentemente de 9,91 para 5,44 com a diminuição do número de espécies. Todas as categorias de SFC (SFC-antigo, SFC-novo e SPC) foram significativamente diferentes de FC no número médio de espécies por parcela. A comparação entre SFCs mostrou que SFC-novo tinha um número médio de espécies por parcela significativamente mais elevado do que SFC-antigo e SPC, mas não houve variação entre SFC-antigo e SPC (Quadro 4, Gole 2003). Do mesmo modo, em Berhane-Kontir e Harenna, a diversidade e a equitabilidade de Shannon registaram uma variação elevada entre o CF e o SFC, sendo a mais baixa no SFC. A SFC em Berhane-Kontir também apresentou um número significativamente menor de espécies lenhosas, árvores, arbustos e trepadeiras do que a FC. Foi observada uma redução de até 50% no número de espécies de lianas, pequenas árvores e arbustos na SFC em comparação com a FC. No entanto, não houve diferença estatística entre CF e SFC em árvores de dossel grande e médio (Tabela 4, Senbeta e Denich 2006). Também foi registada uma maior riqueza de espécies na CAF do que nas SFC em Gera, Garuke e

Feche (Quadro 4, Hundera et al. 2013a). A riqueza total de espécies na CF foi de 44 espécies em comparação com 38 na SFC e 26 na SPC, e a riqueza média de espécies por parcela na CF foi de 11,2 em comparação com 8,2 na SFC e 4,4 na SPC. A composição da comunidade do SPC foi significativamente diferente da do FC e do SFC, e o número de Hill (N_1) do SPC foi inferior ao do FC. No entanto, a CF e a SFC foram estatisticamente semelhantes em todas as variáveis de diversidade testadas (Hundera et al. 2013a).

Tabela 4 Diversidade de espécies lenhosas em CPS florestais e "semi-florestais" em vários locais.

Local de estudo	CPS	NPS	TNS	ANWS	NT	NS	NC	H'	E	F's, α
Yayu	FC/NF	10	74	31[a]	50	10	14	2.72	0.63	9.91
	SF	10	71	31[a]	43	10	18	2.38	0.53	8.53
	SFCN	10	60	22[b]	41	10	9	2.35	0.57	7.78
	SFCO	10	52	16[c]	36	8	8	1.70	0.43	6.72
	CPE	10	44	16[c]	29	7	8	1.97	0.52	5.44
Berhane-Kontir	FC	37	174[a]	32[a]	49	55[a]	70[a]	2.82[a]	0.52[a]	26.23
	SFC	18	96[b]	17[b]	30	25[b]	41[b]	1.23[b]	0.22[b]	18.65
Harena	FC	24	137	30	32	60	45	2.60[a]	0.52[a]	19.66
	SFC	35	121	27	31	50	40	0.90[b]	0.14[b]	15.42
Bonga (Kayakela)	FC	11	95	38.4	71	11	14	2.44	0.55	
	SFC	11	96	43.7	65	14	17	1.75	0.38	
Gera, Garuke e Feche (Jimma)	FC	11	44[a]	11.2[a]						
	SFC	29	38[a]	8.2[a]						
	CPE	44	26[b]	4.4[b]						

Os valores seguidos de letras diferentes numa coluna em cada local de estudo são significativamente diferentes ao nível de significância de 5%.

FC = café de floresta (**NF** = floresta natural), **SF** = floresta secundária, **SFC** = café semi-florestal, **SFCN** = SFC-novo (manejado por <5 anos), **SFCO** = SFC-antigo (manejado por >10 anos), **SPC** = café semi-plantado (novos talhões de café plantado em igual idade ou café plantado sistematicamente em SFC). **CPS** = sistemas de produção de café, **NPS** = número de parcelas amostradas, **TNS** = número total de espécies lenhosas (árvores de copa, árvores médias, sub-bosque e arbustos, trepadeiras), **ANWS** = número médio de espécies lenhosas/parcela (α-diversidade) ou riqueza média de espécies α por parcela, **NT** = número total de árvores, **NS** = número de arbustos (e sub-bosque em Berhane-Kontir e Harenna), **NC** = número de trepadeiras, **H'** = diversidade de Shannon, **E** = índice de regularidade, **F's, α** = Fisher's, α.

Fonte: Yayu (Gole 2003), Berhane-Kontir e Harenna (Senbeta e Denich 2006), Bonga (Schmitt 2006), Gera, Garuke e Feche (Hundera et al. 2013a).

Do mesmo modo, também se observou uma redução da diversidade de espécies de árvores de SFC para PC no sítio de Gumer. Foi registado um total de 26 espécies de árvores pertencentes a 16 famílias tanto no SFC como no PC, com um maior número de espécies e famílias no SFC do que no PC (Quadro 5). Por exemplo, foram registadas 23 e 11 espécies de árvores respetivamente no SFC e no PC, e ambos os sistemas partilharam 8 espécies. Especificamente, os índices de diversidade de Hill (Números de Hill) apresentaram diferenças significativas (p<0,05) entre os dois sistemas. Como esperado, a diversidade e a equitabilidade das espécies arbóreas foi maior no SFC do que no PC. Os Números de Hill também mostraram uma variação significativa entre Gumer e Kossa no SFC. A maior diversidade e uniformidade de espécies no SFC em Gumer também se reflecte na menor dominância de espécies (Tabela 7). Ao contrário do que se esperava, não se registaram diferenças na diversidade e regularidade das espécies arbóreas entre os dois sistemas de produção no sítio de Kossa.

Quadro 5 Número de famílias e espécies de árvores, e índices de diversidade para SFC e PC em Gumer e Kossa.

Variáveis	Gumer		Kossa		Agrupado	
	SFC	PC	SFC	PC	SFC	PC
Número de famílias	16	7	8	10	18	10
Número de espécies	23	11	12	12	26	16
Número de espécies/parcela	2.31	1.49	1.42	1.22	0.8	0.5
Índice de Shannon-Wiener (H')	1.98	1.36	1.50	1.51	2.6	2.0
Índice de Diversidade de Simpson (D)	0.18	0.35	0.28	0.27	0.1	0.2
Número de Hill ($N_1 = e$)$^{H'}$	7.40[a]	4.03[b]	3.38	4.61	13.2	7.6
Número de Hill ($N_2 = D$)$^{-1}$	5.61[a]	3.11[b]	3.64	3.84	9.2	5.3
Índice de riqueza de espécies	2.58	1.74	1.63	1.88	4.5[a]	3.2[b]
Índice de uniformidade das	0.84	0.73	0.82	0.89	0.8	0.7

espécies (E)

Os valores seguidos de letras diferentes numa linha em cada local de estudo e numa coluna conjunta são significativamente diferentes ao nível de significância de 5%.

Essa redução da diversidade de espécies arbóreas ao longo do gradiente de manejo do café é consistente com as previsões do IDH com altos níveis de perturbação (freqüentes e em grande escala) (seta 3 na Fig. 1). A diferença não significativa entre CF e SFC na diversidade de árvores de copa grande e média em Berhane-Kontir e em todas as variáveis de diversidade testadas em Jimma (ver o parágrafo acima) também concorda com a previsão do IDH (seta 2 na Fig. 1). Uma vez que se supõe que a intensidade da gestão do café no SFC é intermédia entre o FC e o PC, esperava-se uma maior diversidade de espécies de árvores devido à perturbação intermédia, de acordo com a teoria IDH (seta 1 na Fig. 1), neste sistema de produção de café, em comparação com outros. No entanto, a relação esperada entre o manejo do café e o aumento da diversidade de árvores, conforme previsto pelo IDH, não foi encontrada neste estudo.

4.2. Composição das espécies de árvores e abundância relativa

Também houve uma mudança na composição das espécies e nas categorias de dominância ao longo do gradiente de manejo do café (quadros 6 e 7). Por exemplo, as formas de crescimento dominantes no SFC em Berhane-Kontir eram árvores de médio a grande porte, enquanto no FC, as espécies mais abundantes e frequentes eram diferentes formas de crescimento, por exemplo, lianas, arbustos e árvores. Especificamente, *Argomuellera macrophylla* e *Diospyros abyssinica*, e *Pouteria altissima*, *Cordia africana* e *Mimusops kummel* foram, respetivamente, as espécies dominantes e co-dominantes em ambos os sistemas (Quadro 6, Senbeta e Denich 2006). Em Yayu, a ordem de dominância também muda ao longo do gradiente de gestão: FC/NF-SF-SFC-novo-SFC-antigo-SPC, e SFC-antigo teve a maior dominância (Gole 2003) (para a descrição das abreviaturas, ver Tabela 4). Como indicado na Tabela 6, as cinco espécies lenhosas mais abundantes em FC, SF e SFC-novo foram *Coffea arabica*, *Dracaene fragrans*, *Landolphia buchananii*, *Paullinia pinnata* e *Maytenus gracilipes,* enquanto que em SFC-antigo e SPC, foram *Coffea arabica, Maytenus gracilipes, Blighia unijugata, Clausena anisata,* e *Paullinia pinnata/'Albizia grandibracteata.* Estas cinco espécies principais contribuíram com 67,8%, 76,9%, 73,8%, 79,1% e 85,5% do total de espécies registadas no NF, SF, SFC-novo, SPC e SFC-velho, respetivamente (Gole 2003), e cada uma delas teve uma ordem diferente de dominância em cada sistema (Tabela 6). Da mesma forma, também foi observada uma ordem diferente de dominância de espécies arbóreas em FC e SFC em Harenna (Tabela 6, Senbeta e Denich 2006), em SPC e SFC em Garuke e Feche, e em FC em Gera (Hundera et al. 2013a). Hundera et al. (2013a) referiram que as espécies pioneiras, por exemplo, *Albizia gummifera* e *Albizia schimperiana,* eram as espécies indicadoras para o SPC, enquanto as espécies clímax, como *Olea welwitschii* e *Schefflera abyssinica,* e *Prunus africana, Teclea nobilis* e *Syzygium guineense*, respetivamente para o SFC e FC.

Tabela 6 Lista das cinco espécies lenhosas mais abundantes em cada DPC com base na sua ordem de classificação em Yayu, Berhane-Kontir e Harenna (para cada abreviatura de DPC, ver Tabela 4).

Yayu									
FC/NF	PA	SF	PA	SFCN	PA	SFCO	PA	SPC	PA
Coffea arabica[S]	21.1	*D. fragrans*[S]	29.8	*C. arabica*[S]	37.4	*C. arabica*[S]	52.0	*C. arabica*[S]	53.2
Dracaene fragrans[S]	17.0	*C. arabica*[S]	22.9	*M. gracilipes*[S]	17.2	*M. gracilipes*[S]	22.0	*M. gracilipes*[S]	14.2
Landolphia buchananii[C]	12.7	*L. buchananii*[C]	10.8	*P. pinnata*[C]	11.7	*Blighia unijugata*	4.9	*Clausena anisata*	5.1
Paullinia pinnata[C]	11.7	*P. pinnata*[C]	8.1	*D. fragrans*[S]	4.1	*Clausena anisata*	3.4	*Blighia unijugata*	3.6
Maytenus gracilipes[S]	5.3	*M. gracilipes*[S]	5.3	*L. buchananii*[C]	3.3	*Paullinia pinnata*[C]	3.3	*Albizia grandibracteata*	3.0

Berhane-Kontir				Harenna			
FC	IVI	SFC	IVI	FC	IVI	SFC	IVI
Argomuellera macrophylla[S]	34	*C. arabica*[S]	126	*C. arabica*[S]	53	*C. arabica*[S]	97
C. arabica[S]	24	*Pouteria altissima*	19	*Afrocarpus falcatus*	28	*A. falcatus*	17
Diospyros abyssinica	21	*Minusops kummel*	12	*Syzygium guineense*	18	*Olea welwitschii*	15
Whitfieldia elongate[S]	13	*Cordia africana*	11	*Celtis africana*	9	*S. guineense*	12
Blighia unijugata & Rothmannia urcelliformis[S]	12	*Celtis africana*	7	*L. buchananii*[C]	6	*Celtis africana & Strychnos mitis*	11

S = arbusto, **C** = trepadeira, **PA** = Percentagem de abundância é a contribuição de uma espécie para a abundância total, **IVI** = índice de valor de importância.

Fonte: Yayu (Gole 2003), Berhane-Kontir e Harenna (Senbeta e Denich 2006).

Da mesma forma, o nível de dominância e a ordem de abundância das espécies arbóreas diferiram entre SFC e PC nos sítios de Gumer e Kossa (Quadro 7). Em ambos os sítios, o PC teve um nível de dominância mais elevado do que o SFC. Em Gumer, a ordem de abundância das espécies em ambos os sistemas foi semelhante para as duas primeiras espécies mais dominantes, *Albizia sp* (*A. schimperiana* & A. gummifera) e

Croton macrostachyus. No entanto, para as segundas espécies dominantes, a ordem de abundância das espécies diferiu entre os dois sistemas. Por exemplo, *Acacia abyssinica* e *Olea welwitschii* foram a terceira e a quarta espécies dominantes no PC, enquanto no SFC, *Diospyros abyssinica, Cordia africana* e *Sapium ellipticum* ocuparam a terceira e a quarta dominância. Em Kossa, *Albizia sp, A. abyssinica, C. africana* e *C. macrostachyus* ocuparam da primeira à quarta posição dominante no PC, e *A. abyssinica, Albizia sp, C. africana* e *C. macrostachyus* no SFC. *S. ellipticum* foi também registada como a primeira espécie dominante em SFC no sítio de Kossa.

Além disso, árvores muito grandes como *Ficus vasta, Ficus sur* e *Prunus africana* não foram registadas no SFC em ambos os locais. Pelo contrário, as árvores de pequeno e médio porte (por exemplo, *Maesa lanceolata, Teclea nobilis, Ehretia cymosa, Bridelia micrantha, Nuxia congesta, Maytenus arbutifolia* e *Brucea antidysenterica),* que se encontravam no SFC em Gumer, não foram registadas no PC em ambos os sítios, nem no SFC no sítio de Kossa (quadro 7).

Tabela 7 Índice de Valor de Importância das espécies arbóreas em SFC e PC em Gumer e Kossa.

Espécies	Hábito de crescimento	Gumer		Kossa	
		SFC	PC	SFC	PC
Albizia schimperiana Oliv. & A. gummifera (J.F.Gmel) C.A.Sm.	Árvore alta	62.0	82.2	55.9	94.2
Croton macrostachyus Del.	Árvore alta	63.3	61.0	37.7	35.1
Acacia abyssinica Hochst.ex Benth	Árvore alta	5.5	43.3	96.2	47.4
Olea welwitschii (Knobl.) Gilg. & Schellenb.	Árvore alta	12.1	44.5		10.0
Cordia africana Lam.	Árvore alta	21.6	15.6	39.5	42.8
Ficus vasta Forssk.	Árvore alta		17.6	10.1	6.1
Prunus africana (Hook.f.) Kalkm.	Árvore alta		8.5		11.1
Ficus thonningii Blume	Árvore alta		10.5		
Grevillea robusta A.Cunn.ex R.Br.	Árvore alta	6.9			14.3
Celtis africana Burm.f.	Árvore alta			6.7	11.9
Ficus sur Forssk.	Árvore alta				8.4
Trichilia emetica Vahl.	Árvore alta	3.3			10.6

Schefflera abyssinica (Hochst.ex A.Rich) Harms	Árvore alta				7.9
Sapium ellipticum (Hochst) Pax	Árvore alta	21.3	8.8	20.4	
Bersama abyssinica Fresen.	Árvore pequena	8.4	4.0	4.7	
Milletia ferruginea (Hochst) Bak. *subsp.darassana (Cuf.)Gillett*	Árvore alta	3.9	3.9	13.9	
Diospyros abyssinica (Hiern) F. White	Árvore alta	28.2			
Maesa lanceolata Forssk.	Árvore pequena	13.4			
Polyscias fulva (Hiern) prejudica	Árvore alta	9.4			
Teclea nobilis Del.	Árvore pequena	6.5			
Aningeria adolfi-friendericii (Engl.) Robyns & Gilbert	Árvore alta	5.9			
Ehretia cymosa Thonn.	Árvore pequena	3.1		4.8	
Eucalyptus grandis W.Hill ex Maiden	Árvore alta	2.9		5.2	
Bridelia micrantha (Hochst.) Baill.	Árvore média	4.7			
Ekebergia capensis Sparrm.	Árvore alta	4.6			
Nuxia congesta Fresen.	Árvore pequena	4.1			
Syzygium guineense subsp. Afromontanum F.White	Árvore alta	4.1			
Maytenus arbutifolia (Hochst. ex A.Rich.) R.Wilczek	Árvore pequena	2.6			
Apodytes dimidiata C.A.Sm.	Árvore alta				5.0
Brucea antidysenterica J.F.Mill	Árvore pequena	2.0			

Árvore pequena: <15 m; árvore média: 15-30 m; árvore alta: >30 m.

No que diz respeito à distribuição das espécies arbóreas nos tipos de agroflorestas de café (CAFTs) identificados durante o levantamento, as espécies arbóreas pioneiras, por exemplo, *A. abyssinica* e *C. macrostachyus*, eram muito comuns nos CAFTs I e II. As espécies arbóreas clímax, tais como *Olea welwitschii, Celtis africana, Trichilia emetica, Schefflera abyssinica, Diospyros abyssinica* e *Aningeria adolfi-friendericii* foram registadas principalmente no CAFT III. *Albizia sp,* por outro lado, foi registada em todos os três CAFT (para as descrições dos CAFT, ver Quadros 2 e 3).

4.3. Estrutura da vegetação

Foram observadas diferenças entre os sistemas de produção de café quanto às estruturas da vegetação, embora as diferenças entre CF e SFC, bem como dentro do SFC para uma determinada variável estrutural, não tenham sido consistentes entre os locais (quadro 8). Em Berhane-Kontir e Harenna, por exemplo, a maior densidade de plantas foi registada na classe de DAP mais baixa (ou seja, ≤ 20 cm) tanto no CF como no SFC, e o SFC apresentou uma densidade significativamente mais elevada do que o CF para uma classe de DAP de 2-10 cm, mas uma densidade mais baixa para uma classe de DAP de 11-20 cm. No entanto, as alterações na densidade de plântulas e árvores ao longo do gradiente de gestão em Yayu diferiram das observadas em Berhane-Kontir (Quadro 8, Gole 2003, Senbeta e Denich 2006). Nos sítios de Gera, Garuke e Feche, as comparações par a par entre os três sistemas (FC, SFC e SPC) mostraram que tanto o FC como o SFC tinham uma densidade de árvores, uma área basal e um fecho de copa significativamente mais elevados em comparação com o SPC. No entanto, o FC e o SFC não foram diferentes entre si. Da mesma forma, a cobertura da copa e a altura da árvore dominante no SPC foram inferiores às do SFC, mas iguais às do FC. Mas o número de plântulas diminuiu significativamente ao longo do gradiente FC-SFC-SPC (Hundera et al. 2013a).

Da mesma forma, os dados de campo nos sítios de Gumer e Kossa mostraram uma maior densidade de caules de árvores e árvores individuais no SFC do que no PC, mas apenas a densidade de caules de árvores em Kossa foi estatisticamente significativa (Quadro 8). Em Gumer, a área basal no sistema SFC também foi relativamente maior do que no sistema PC. No entanto, a área basal no PC em Kossa foi inesperadamente ligeiramente superior à do SFC.

Quadro 8 Estruturas vegetais de árvores e arbustos não cafeeiros em diferentes sistemas de produção de café (SPC) em vários locais (para cada abreviatura de SPC, ver quadro 4).

Local de estudo	CPS	NoP	Densidade (plantas/ha)			
			2 cm ≤ dbh ≤ 10 cm	10 cm < dbh ≤ 20 cm	DAP > 20 cm	BA média (m^2/ha)
Berhane-	FC	37	1805[b]	266[a]	234	34
Kontir	SFC	18	2355[a]	60[b]	134	58
Harena	FC	24	1122[b]	291[a]	181	49
	SFC	35	2137[a]	178[b]	340	47

	CPS	NoP	Densidade de plântulas < 1,5 m de altura (%)	Densidade de árvores > 1,5 m de altura (%)	BA média (m^2/ha)
Yayu	FC/NF	10	74	26	46.2
	SF	10	69	31	37.6
	SFCN	10	51	49	43.4
	SFCO	10	43	37	27.0
	SPC	10	25	75	23.0

	CPS	NoP	Densidade de árvores (caules/ha)	Densidade de árvores (plantas/ha)	BA média (m^2/ha)
Gumer	SFC	17	4500	242.6	40.2
	PC	17	2125	114.7	36.5
Kossa	SFC	14	2325[a]	146.4	19.4
	PC	14	1050[b]	64.3	25.0
Agrupado	SFC	31	6825	199.2	59.7
	PC	31	3175	91.9	61.5

	CPS	NoP	Densidade de plântulas (plantas/ha)	Densidade de árvores (plantas/ha)
Gera, Garuke e Feche (Jimma)	FC	11	10000[a]	952
	SFC	29	3000[b]	655
	SPC	44	400[c]	-

Os números seguidos de letras diferentes numa coluna em cada local de estudo são significativamente diferentes a um nível de significância de 5%.

NoP = número de parcelas amostradas, **BA** = área basal das árvores.

Fonte: Yayu (Gole 2003), Berhane-Kontir e Harenna (Senbeta e Denich 2006), Gera, Garuke e Feche (Hundera et al. 2013 a), Gumer e Kossa (dados do inquérito).

Quando os caules das árvores foram categorizados pelas classes de dbh de 20 cm, conforme indicado na Fig. 7, foram observadas algumas variações entre PC e SFC na distribuição dos caules das árvores, particularmente em Kossa. Em Kossa, 62,2% dos caules das árvores em SFC estavam numa classe de DAP entre 20 e 100 cm, enquanto em PC, 64,2% dos caules estavam numa classe de DAP entre 120 e 240 cm. Em Gummer, no entanto, não houve diferença entre os dois sistemas, exceto na classe de DAP 41-60 cm e 161-180 cm. A primeira classe representou 15,2% e 4,9% dos caules e a segunda 16% e 3,7% dos caules no SFC e no PC, respetivamente. Em ambos os locais, os padrões gerais de distribuição dos caules com base numa classe de 20 cm de DAP pareciam estar enviesados para os caules de menor DAP (20-100 cm representa >50% do total de caules) no SFC, e normalmente distribuídos no PC, com maior frequência entre 80 e 200 cm de DAP (Fig. 7).

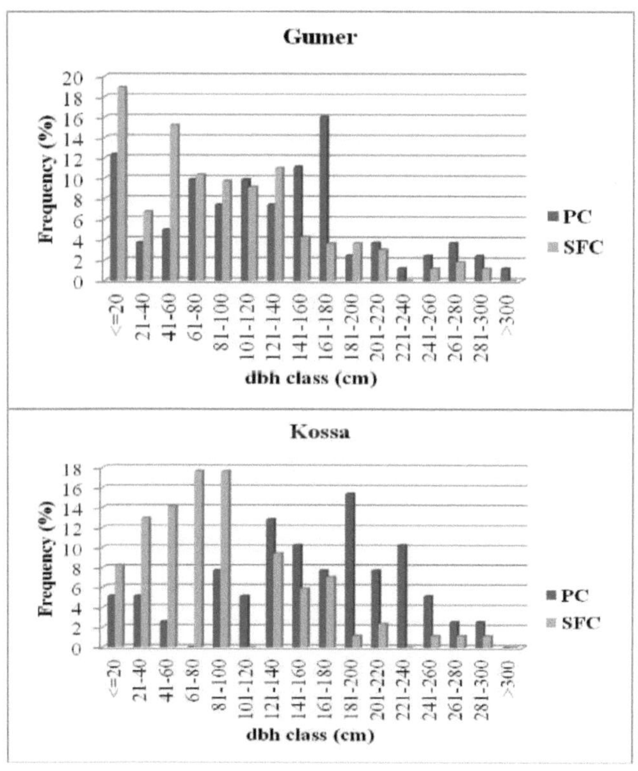

Figura 7 Distribuição dos caules das árvores com base nas classes dbh em PC e SFC

em Gumer e Kossa.

A análise dos dados agrupados de ambos os locais mostrou diferença estatisticamente significativa entre PC e SFC (p <0,05) em uma classe de dbh de 41-60 cm, 141-160 cm, 161-180 cm e 281-300 cm. Em ambos os locais, os troncos com um dbh ≤100 cm em geral tiveram maior frequência no SFC do que no PC. No entanto, foi o oposto para caules grandes com um dbh >140 cm (Fig. 8a). Um número relativamente maior e uma melhor distribuição de caules de árvores com base nas quatro classes de DAP (ou seja, plântulas, mudas, postes e árvores "maduras") também foi observado no SFC do que no PC, mas não estatisticamente significativo (Fig. 8b). Por exemplo, o número de caules com um DAP >20 cm (árvores "maduras") por parcela, que foi superior a qualquer outra classe de DAP inferior em ambos os sistemas, foi de 10,5 e 3,7 no SFC e PC, respetivamente.

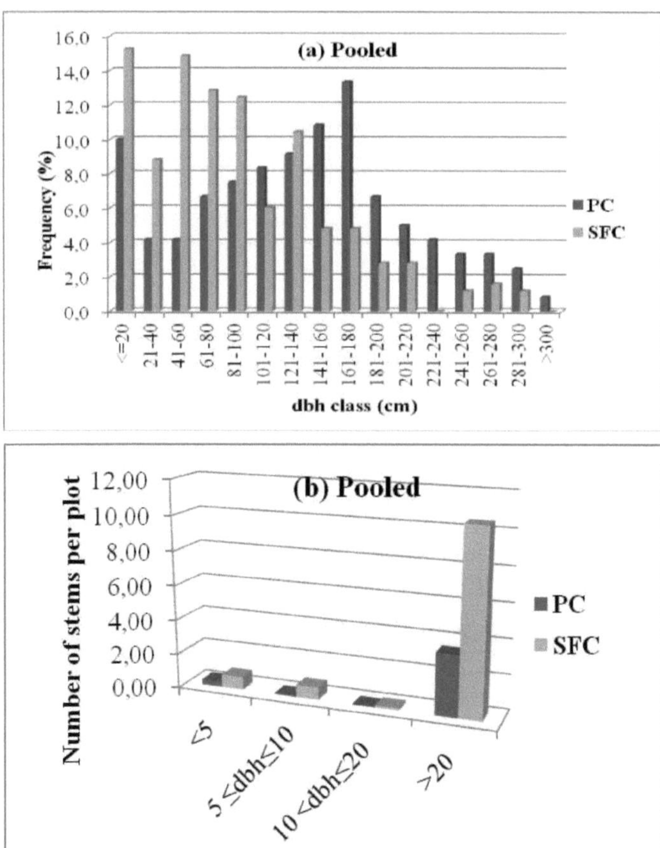

Figura 8 Distribuição dos caules das árvores com base nas classes dbh em PC e SFC em Gumer e Kossa.

No que diz respeito às estruturas verticais da vegetação, foram identificadas duas classes de estruturas em PC e SFC nos sítios de Gumer e Kossa: (1) um dossel de 2 camadas em todas as parcelas de PC e em algumas parcelas de SFC, e (2) um dossel de 3 camadas em muitas parcelas de SFC, particularmente em Gumer (Apêndice 3 & 4). Independentemente da localização, nas parcelas de 2 estratos, o dossel superior é dominado por uma ou duas espécies de árvores altas, como *Albizia sp, Acacia sp, C. macrosatychus, C. africana* e *O. welwitschii,* e o dossel inferior exclusivamente por café (Apêndice 3). Enquanto que nas parcelas com 3 estratos, o estrato superior é dominado por uma mistura de duas ou mais das espécies supramencionadas, bem como de *S. ellipticum* e *D. abyssinica,* e o estrato médio por espécies arbóreas de médio e pequeno porte (quadro 7 e apêndice 5), algumas árvores jovens e talhadias, e o estrato inferior por café e outros arbustos e árvores jovens. Independentemente dos sistemas de produção e dos locais, foram observados três tipos principais de agroflorestas cafeeiras: (1) uma agrofloresta de café dominada por 1, 2 ou 3 espécies pioneiras, como *Albizia, Acacia* ou *C. macrosatychus ou G. robusta* (esta última é plantada sobretudo em PC) (Apêndices 3 e 4), (2) uma agrofloresta de café com uma mistura de mais de 3 espécies diferentes (espécies pioneiras, intermédias e clímax) (Apêndice 5), e (3) uma agrofloresta de café dominada por uma mistura de mais de 2 espécies clímax, como *O. welwitschii, D. abyssinica, S. ellipticum, P. africana,* ou C. *africana* (Apêndice 6).

4.4. Estrutura da população cafeeira

Diferentes estruturas populacionais de café também foram observadas ao longo de um gradiente de manejo do café. Com base em classes de altura, estudos comparando a estrutura da população de café na CF e em vários tipos de sistemas SFC em Yayu, Berhane-Kontir, Harenna e Bonga demonstraram diferentes padrões de distribuição da população (quadro 9). Em ambos os sítios Yayu e Berhane-Kontir, o SFC tinha uma área basal mais elevada do que o FC. Do mesmo modo, nos sítios de Berhane-Kontir e Harenna, a maior abundância de plantas de café foi registada na SFC, em comparação com a FC. Na SFC, em ambos os sítios, a maior densidade de plantas de café foi registada nas classes de altura mais baixa (<0,5 m) e mais alta (>2 m) (quadro 9, Senbeta e Denich 2006). Em Bonga, a maior densidade de plantas de café foi registada numa classe de tamanho médio ($\geq$0,5 m de altura, dbh $\leq$3 cm) em SFC1, e nas classes mais baixas (<0,1 m de altura) e de tamanho médio em SFC2 e FC (Quadro 9, Schmitt 2006).

Quadro 9 Estruturas da população de café em diferentes sistemas de produção de café (SPC) em vários locais (para cada abreviatura de SPC, ver quadro 4).

Local de estudo	CPS	PoI 2 cm ≤ dbh ≤ 10 cm	Densidade (plantas/ha)	Frequência da classe de altura (m)			
				< 0.5	< 0.5-1.0	1.0-1 .5- 1. 52.0	> 2.0
Berhane-	FC	23[b]	2705	1051	718	805279	1150
Kontir	SFC	98[a]	6401	873	257	230252	2997
Harena	FC	4[b]	4597	2440	876	424192	481
	SFC	88[a]	18917	10159	5308	36721499	5846

		PoI	ADS < 0,1 m de altura	ADSP ≥ 0,5 m de altura, ≤ 3 cm de DAP	ADLP ≥ 1,5 m de altura, > 3 cm de DAP
Bonga	NF	<20	133	87	4
(Kayakela)	FC	>20	338	335	6
	SFC1	>50	843	1106	24
	SFC2	<50	295	215	17

		Densidade (plantas/ha)	BA (m² /ha)	Perímetro máximo (cm)	Perímetro mínimo (cm)
Gumer	SFC	4152.9	2.96	6.8	0.9
	PC	2691.2	1.38	5.2	1.4
Kossa	SFC	4469.6[a]	4.53	8.9	0,9
	PC	2710.7[b]	1.25	4.9	1.7
Agrupado	SFC	4296.0[a]	7.49[a]	7.9	0.9
	PC	2700.0[b]	2.62[b]	5.1	1.6
Yayu	FC/NF		1.4		
	SF		1.7		
	SFCN		3.8		
	SFCO		6.3		
	SPC		7.8		

Os números seguidos de letras diferentes numa coluna em cada local de estudo são significativamente diferentes a um nível de significância de 5%.

PoI = porcentagem de plantas individuais, **ADS** = densidade média de plântulas, **ADSP** = densidade média de plantas pequenas, **ADLP** = densidade média de plantas grandes, **BA** = área basal, **SFC1** = SFC- algumas árvores de copa e a maioria das vegetações rasteiras são removidas, **SFC2** = SFC- algumas árvores de copa e a maioria das vegetações rasteiras são removidas, e a densidade de café é reduzida.

Fonte: Yayu (Gole 2003), Berhane-Kontir e Harenna (Senbeta e Denich 2006), Bonga (Schmitt 2006), Gumer e Kossa (dados de inquéritos).

Nos sítios de Gumer e Kossa, foi registada uma maior densidade de café no SFC do que no PC. Os dados agrupados da área basal também mostraram diferença estatística entre os dois sistemas (quadro 9). Por outro lado, não foi observada diferença estatística dentro e entre os dois sistemas de produção nas distribuições da população de café com base nas classes de circunferência (Fig. 9). No entanto, observou-se uma grande variedade de plantas de café na maioria das parcelas de amostragem do SFC, ou seja, tanto as circunferências mais altas como as mais baixas foram registadas no SFC. Particularmente em Gumer, a maior percentagem da população amostrada (~ 71%) em PC tinha perímetros entre 2 e 4 cm, enquanto em SFC, cerca de metade da população amostrada tinha perímetros entre 1 e 3 cm.

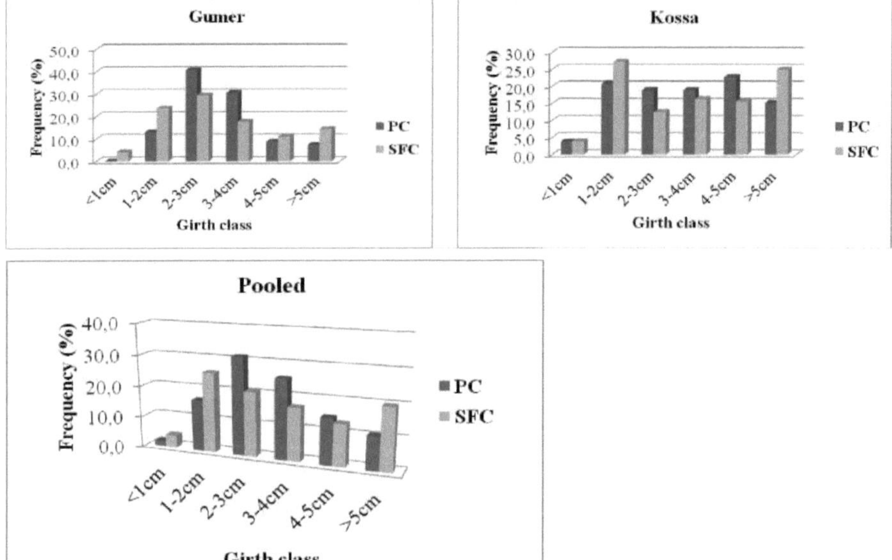

Figura 9 Distribuição da população de café com base nas classes de perímetro (diâmetro basal) em PC e SFC em Gumer e Kossa.

CAPÍTULO 5. DEBATE

A exploração dos efeitos do manejo do café sobre a estrutura da vegetação e a diversidade e composição de espécies num ecossistema CAF produz informações vitais que podem ser usadas para desenvolver uma diretriz de manejo para melhorar seus serviços ecológicos e econômicos. A análise de um gradiente de manejo do café em relação à teoria da IDH também é uma nova abordagem para conceituar uma ligação entre a intensificação do cultivo e uma mudança na diversidade e composição de espécies arbóreas no sistema.

5.1. Diversidade de espécies de árvores e abundância relativa

A intensificação do manejo do café afeta a diversidade e a composição das espécies vegetais, bem como a estrutura vegetativa das CAFs. Estudos mostraram que a intensificação do cultivo de CAF para SFC ou SPC tem um impacto negativo na diversidade de espécies lenhosas, na comunidade e regeneração de espécies arbóreas e na estrutura da vegetação (Quadro 4, Aerts et al. 2011). Conduz a uma redução da diversidade vegetal, a uma simplificação da estrutura da vegetação, a um aumento da dominância das espécies e a uma deslocação da comunidade vegetal ao longo de um gradiente de gestão: FC/NF-SFC-SPC (Tabela 4). Este facto está fortemente relacionado com as diferenças no desbaste das árvores e no corte do mato. Os resultados do inquérito de campo também confirmaram que uma maior intensificação da cultura do café de SFC ou SPC para PC tem um impacto negativo nas espécies arbóreas e na diversidade estrutural. De um modo geral, a variação das espécies arbóreas e da estrutura vegetativa é relativamente baixa no PC em comparação com o SFC. A baixa diversidade no PC foi também associada a uma maior dominância de espécies arbóreas (por exemplo, *Albizia* e *Accacia sp)*. Um estudo efectuado na Indonésia (Kessler et al. 2005) também indicou resultados semelhantes, ou seja, a riqueza de espécies arbóreas diminuiu cada vez mais da floresta primária para os jardins florestais, florestas secundárias e plantações de cacau. Este declínio foi acompanhado por mudanças na composição das famílias de árvores, e as plantações de cacau eram compostas quase exclusivamente por árvores de cacau e duas espécies de árvores de sombra leguminosas. Na Guine'e Forestie're, Guiné, Correia et al. (2010)

registaram uma maior riqueza e diversidade de espécies de árvores nas agroflorestas de café do que em qualquer outro sistema agrícola ou agroflorestal de utilização dos solos, mas significativamente inferior à da floresta natural.

A maior dominância de poucas espécies indica um habitat muito perturbado (Gole 2003). No sítio Gumer, por exemplo, a intensificação do cultivo de café de um sistema SFC para um sistema PC implicou uma perda de y-diversidade (o número de espécies em cada sistema) de aproximadamente 52,2% (de 23 espécies em SFC para 11 espécies em PC). O número de espécies por parcela (α-diversidade) e os valores do índice de diversidade (e.g., números de Shannon-Weiner e Hill's) no PC foram mais baixos do que no SFC (Quadro 5), o que revela uma maior abundância de algumas espécies no PC do que no SFC. O índice de diversidade de Shannon-Weiner é sensível à dominância numérica de qualquer espécie (Bone et al. 1997); assim, o baixo valor de diversidade do PC pode ser atribuído a um grande número de indivíduos *de Albizia* (Tabela 7). Como mostra o quadro 7, os valores de importância mais elevados de uma espécie no PC do que no SFC e a variação na classificação da dominância das espécies entre os dois sistemas reflectem uma maior remoção de certas espécies arbóreas (uma espécie não-alvo para a sombra do café) no PC em comparação com o SFC. Além disso, o SFC é composto por uma gama de árvores de pequeno a alto porte, enquanto o PC é composto exclusivamente por árvores de grande porte, indicando uma remoção deliberada de plantas de baixa estatura no processo de diminuição da sombra para a produção de café no sistema PC. Por outro lado, para além das práticas de gestão do café, alguns agricultores (especialmente os de subsistência) utilizam as suas explorações de café para vários fins que não a produção de café, por exemplo, para pastagem (Apêndice 7). Permitir que animais de pasto, especialmente gado, pastem nas fazendas de café resulta na compactação do solo e na destruição da diversidade de plantas do sub-bosque.

A raridade de algumas espécies arbóreas nos sistemas de produção de café manejados (SFC, SPC & PC) pode dever-se ao facto de elas serem consideradas inadequadas para a sombra do café e/ou adequadas para a madeira, podendo, portanto, ser removidas seletivamente. Por exemplo, algumas espécies arbóreas de grande porte, como *Ficus sp, P. adolfifriederici* e *O. welwitschii*, e *A. falcatus*, são geralmente consideradas como produzindo demasiada sombra ou lixo inadequado (Soto-Pinto et al. 2007), e *P. adolfifriederici, O. welwitschii, P. africana* e *C. africana* são espécies madeireiras importantes (Apêndice 7). Acredita-se que outras espécies de árvores de grande porte, como *D. abyssinica*, esgotam o solo e *X ellipticum* atrai a vida selvagem. Por exemplo, os macacos distraem as plantas de café quando tentam comer uma larva de inseto que se cria nesta espécie de árvore. *Ficus sp,* particularmente *F. thonningii* que é frequentemente cortado para alimentação animal (Apêndice 7), tem uma natureza epífita e afecta o crescimento de espécies arbóreas de sombra. Contudo, *F. vasa* é normalmente preservada pela sua importância cultural e função entre os grupos étnicos Oromo (comunicação pessoal). Em contrapartida, o predomínio da *Albizia* e da *Acacia sp* nos sistemas de produção de café "semi-florestal" e de plantação (quadro 7) resulta da grande preferência por estas espécies como árvores de sombra adequadas para o café, devido às suas copas largas e à sua capacidade de melhorar a fertilidade do solo (por exemplo, fixação de N). Devido ao seu crescimento rápido, *a C. macrostachyus* é também uma espécie de árvore de sombra preferível para a produção de café, especialmente quando *a Albizia* e *a Acacia sp* e outras espécies de árvores de sombra preferíveis, como *a C. africana*, não existem em quantidade suficiente na exploração.

A variação dentro dos sistemas SFC, por exemplo, uma diversidade mais baixa e uma abundância mais alta em Kossa do que em Gumer, neste estudo (Quadro 5 & 7) também está de acordo com os resultados anteriores. De acordo com Gole (2003), por exemplo, a diversidade no sistema SFC diminui com a duração e a intensidade da gestão, com o menor número médio de espécies por parcela encontrado no SPC. Mahmood (2008) também encontrou uma maior diversidade e uniformidade de espécies num tipo de copa mista de árvores com 2-3 camadas de copa do que num tipo dominado por *Acacia* e *Albizia* com duas camadas. Isso mostra claramente que o corte repetido de mudas emergentes nos sistemas de produção de café manejados intensivamente, por exemplo, SPC e PC, limita o potencial de recrutamento das espécies arbóreas clímax e secundárias ou mesmo das espécies arbóreas pioneiras.

Os valores mais baixos de diversidade (Quadro 5) e a maior frequência de classes de

DAP mais baixas (DAP ≤100 cm) no SFC em Kossa (Fig. 7) podem dever-se, em parte, à sua proximidade de cidades (Ambuye, Kossa e Suntu) e da estrada principal de Jimma a Suntu (Fig. 4), que oferece acesso ao mercado de produtos agroflorestais, como café, lenha e madeira. A pressão fundiária e a distância ao mercado têm sido reconhecidas como importantes factores de intensificação de um ecossistema agroflorestal e de influência da sua estrutura e diversidade (Wezel e Ohl 2005, Abebe et al. 2006). Assim, pode não ser uma surpresa que as árvores de grande porte nos CAFs dos agricultores em torno de Kossa tenham sido removidas com mais frequência do que nas modernas plantações de café, como mostra a menor densidade de troncos de classes de DAP mais altas. No entanto, Correia et al. (2010) não encontraram uma correlação significativa entre as distâncias de factores potencialmente impactantes (por exemplo, mercado ou floresta) e a diversidade de árvores nas parcelas agroflorestais na Guiné.

Além disso, a importância da diversidade arbórea exemplificada pelas agroflorestas parece ser espelhada por uma importante diversidade faunística. Embora não tenham sido recolhidos dados quantificáveis sobre este aspeto, a presença de animais da floresta, como o porco selvagem, o antílope/gazela e a guereza, e os seus excrementos foram observados durante o trabalho de campo com mais frequência nas explorações de café dos agricultores (SFC) do que nas explorações de café plantado (PC), particularmente em Gumer. As agroflorestas cafeeiras podem assim desempenhar um papel positivo na conservação da fauna florestal, aumentando as áreas de habitats favoráveis e os corredores de ligação entre habitats. No entanto, algumas actividades de guarda, vedação e outras actividades agrícolas de rotina no sistema PC, ao contrário do que acontece no sistema SFC ou nas explorações agrícolas dos agricultores, podem perturbar a livre circulação e a existência de animais selvagens (especialmente os de grande porte) neste sistema.

5.2. Diversidade de espécies de árvores e IDH

A diminuição da diversidade de espécies arbóreas ao longo de um gradiente de manejo do café observada neste estudo também é consistente com as previsões do IDH com altos níveis de perturbação (seta 3 na Fig. 1). O IDH afirma que a diversidade é maior em níveis intermediários de perturbação e menor em níveis baixos e altos de perturbação (ver secção 1.3). Como previsto pelo IDH, a inexistência da relação esperada entre perturbação (neste caso, a gestão do café) e o aumento da diversidade neste estudo, particularmente na SFC, em oposição às florestas naturais exploradas seletivamente (por exemplo, Van Der Hout e Zagt 2003, Torras e Saura 2008), mostra que os níveis de perturbação da gestão do café, ao contrário da exploração selectiva, parecem ser demasiado elevados para o efeito ótimo da perturbação na diversidade das espécies arbóreas. A mudança na diversidade após o aumento da intensidade do manejo do café neste caso seria então na trajetória descendente (seta 3 na Fig. 1) em direção a uma baixa diversidade. Se a intensidade do manejo do café diminuir a perturbação nos ecossistemas CAF intensamente cultivados, a diversidade deverá aumentar novamente. No entanto, o papel da perturbação como explicação para a manutenção da diversidade de espécies nas florestas tropicais tem sido contestado (Der Hout e Zagt 2003). Argumenta-se que a limitação do recrutamento, um processo casual que explica por que razão a espécie que é o melhor competidor em determinadas condições ambientais não ocupa todos os sítios com essas condições, oferece uma melhor explicação para a manutenção da diversidade.

Também pode ser importante analisar os efeitos de longo prazo do manejo do café sobre a diversidade e a composição das espécies arbóreas, como prevê a IDH, para o manejo sustentável do sistema, com vistas à produção de café e à sustentabilidade ambiental. Embora os efeitos a longo prazo da conversão de NF ou FC em SFC, SPC ou PC não tenham sido relatados, os resultados e tendências encontrados neste estudo podem ser usados para fazer previsões sobre a evolução futura da composição e diversidade das espécies arbóreas nos CAFs do sudoeste da Etiópia. Se as actuais práticas de gestão do café se mantiverem por muito tempo, pode prever-se que a abundância relativa de algumas espécies arbóreas pioneiras continuará a aumentar, enquanto a das espécies arbóreas clímax, que são típicas da floresta primária, continuará a diminuir devido à sua colonização inferior das grandes clareiras em relação às anteriores e ao desbaste seletivo. Consequentemente, é de esperar que a diversidade de árvores em todas as CAFs no Sudoeste da Etiópia diminua para uma diversidade baixa no extremo da gama de perturbações de intensidade elevada (i.e. seta

3 na Fig. 1).

5.3. Estrutura da vegetação

A variabilidade do tamanho, o padrão de distribuição das classes de tamanho (por exemplo, diâmetro) e a densidade dos caules têm sido frequentemente utilizados para representar a estrutura populacional de uma floresta (por exemplo, Harris 2007). O padrão de distribuição enviesado das classes de diâmetro em direção aos pequenos dbh na SFC (Fig. 7 & 8a) sugere um corte contínuo das árvores grandes para a gestão do café ou para madeira, construção e lenha. Por outro lado, a maior densidade de árvores nas classes de grande porte no PC sugere uma remoção contínua de árvores jovens, bem como de árvores de pequeno e médio porte durante o manejo do café nesse sistema. Isso pode ser a razão para uma maior dominância de poucas espécies de árvores de sombra no PC do que no SFC (Tabela 7). Da mesma forma, as classes de tamanho mais amplas no sistema CF do que no SFC e a maior densidade de plantas não cafeeiras nas classes de tamanho grande neste último do que no primeiro em Berhane-Kontir (quadro 8) devem-se a uma remoção mais contínua de plantas não cafeeiras jovens e de pequeno porte do sistema SFC do que do sistema CF. Uma maior densidade de caules, mas uma menor área basal no SFC em Kossa, pode ser resultado de uma maior densidade de classes de DAP pequeno (Fig. 7). Por outras palavras, a menor área basal no SFC em Kossa está relacionada com a maior frequência de caules de tamanho pequeno neste sistema do que no outro. Os agricultores de Kossa podem colher árvores de grande porte para madeira, construção ou lenha nas suas parcelas CAF mais do que os agricultores de Gumer, devido ao seu melhor acesso aos mercados, tal como discutido acima na secção 5.1.

Tanto em Gumer como em Kossa, a densidade de árvores e plantas de café foi maior no SFC do que no PC, embora estatisticamente não significativa para todas as variáveis estruturais em Gumer (quadro 7). Em Kossa, por exemplo, a densidade de caules e de árvores individuais no PC foi inferior à do SFC em 55% e 56%, respetivamente. Em Gumer, a área basal no PC também diminuiu 35% em comparação com a do SFC. Isto está relacionado com a gestão intensiva do café no PC, que resultou numa homogeneidade relativamente maior na estrutura da vegetação e na abundância de espécies, ou seja, baixa diversidade e abundância de espécies de árvores (quadros 5 e 7), e baixa densidade de árvores e área basal (quadro 8). Tendências semelhantes de estrutura da vegetação e simplificação taxonómica (homogeneização) devido ao aumento da intensidade de gestão de uma CF para um SPC também foram observadas noutros locais (quadro 8). A intensificação do cultivo de café de uma CF para uma SFC ou SPC levou a duas camadas de dossel (ou seja, árvores altas no dossel superior e cafés no dossel inferior) em Yayu (Gole 2003), maior densidade de plantas não cafeeiras e cafeeiras nas classes de tamanho grande e pequeno, respetivamente, em Berhane-Kontir (Senbeta e Denich 2006), e estrutura da vegetação empobrecida e comunidades de árvores e regenerações em Garuke, Feche e Gera (Aerts et al. 2011, Hundera et al. 2013a).

No entanto, as densidades de árvores jovens ou de árvores com classes de DAP inferiores (DAP <20 cm) foram estatisticamente semelhantes e muito baixas tanto no SFC como no PC (Fig. 8b), indicando que o manejo do café em ambos os sistemas não permite a regeneração das árvores. Em contraste, a maior densidade de plântulas de árvores no café de floresta não manejada, mas a menor no café "semi-florestal" manejado, foi observada nas áreas de Yayu, Berhane-Kontir, Harenna e Jimma (Quadro 8). Por exemplo, a densidade de mudas de árvores no SPC e no SFC em Jimma foi menor que a do FC em mais de 95% e 70%, respetivamente (Hundera et al. 2013a). Este facto está de acordo com as conclusões de Correia et al. (2010) na Guiné, que relataram um menor número de árvores juvenis nas agroflorestas geridas intensivamente do que nas florestas. Este é o resultado direto de práticas de gestão que eliminam a maioria das plântulas de árvores antes de estas atingirem a fase juvenil. Se estas práticas de gestão continuarem, a maior parte das árvores de sombra de café atualmente existentes acabará por amadurecer e atingir finalmente uma fase pós-reprodutiva. Por exemplo, foram observadas algumas árvores de sombra *Accacia sp* caídas devido à idade no local de estudo de Kossa e a plantação de *Grevillea robusta* nos grandes espaços entre as árvores de sombra e no lugar das árvores caídas no PC (Apêndice 4). Isto pode levar à extinção de algumas espécies, especialmente espécies raras, endémicas e ecologicamente restritas, e à substituição das espécies pioneiras por espécies exóticas de crescimento rápido, como a G. *robusta*. No entanto, o cultivo de exóticas pode não ser continuado devido à consciencialização dos cafeicultores para os efeitos negativos da queda de folhada menos decomponível *da G. robusta* sobre as plantas de café e à pressão exercida sobre os cafeicultores pelas empresas certificadoras no sentido de plantarem e preservarem espécies arbóreas autóctones. Recentemente, diferentes fazendas de PC foram certificadas pela UTZ, Starbucks C.A.F.E., ou Rainforest Alliance.

As espécies pioneiras ou clímax dominadas e uma estrutura de copa de 2 ou 3 camadas em parcelas de amostragem SFC neste estudo (Anexo 3-6) são semelhantes às encontradas em agroflorestas SFC na área de Haro no Distrito de Mana, Zona de Jimma (Mahmood 2008). Os dois tipos de CAFs (as espécies pioneiras ou as espécies clímax dominadas), para além dos sistemas de produção, podem estar relacionados com a história do uso da terra e/ou a duração da gestão. O primeiro tipo pode resultar de terras agrícolas ou de pastagem e/ou de um período de gestão mais longo (Anexo 3), e vice-versa para o segundo tipo, por exemplo, CAFT III (Anexo 6). Por exemplo, Gole (2003) identificou 3 tipos de SFCs em Yayu: (1) SFC-novo, manejado por menos de 5 anos, (2) SFC-velho, manejado por mais de 10 anos, e (3) SPC, plantas de café velhas foram substituídas por novos povoamentos de plantas de café de igual idade. A diversidade dentro desses SFCs diminuiu com a duração e a intensidade do manejo. Uma vez que é possível uma transferência de experiência das explorações modernas para as explorações tradicionais, também se poderia esperar uma estrutura de vegetação simplificada nas parcelas SFC devido à sua proximidade com as explorações PC (Fig. 6).

5.4. Estrutura da população cafeeira

O aumento da densidade e da área basal do café ao longo do gradiente FC-SFC-SPC mostrou que a intensificação do manejo favorece a população de plantas de café. No entanto, a densidade e a área basal (quadro 9) mais baixas no PC do que no SFC em Gumer e Kossa não estão de acordo. Esta discordância pode estar ligada ao espaçamento regular entre plantas e às práticas de talhadia, uma vez que estas práticas agronómicas são aplicadas principalmente no PC em comparação com as dos outros sistemas. No entanto, Aerts et al. (2011) observaram frequentemente maiores dimensões basais

para os arbustos de café em talhadia do que para os não-copiados. Em consonância com isso, embora estatisticamente não significativo, uma fração mais alta (71%) da população de café em PC, que eram talhadores, em Gumer tinha diâmetros basais de 2 a 4 cm em comparação com o SFC, que tinha plantas de café não copadas e 53% delas tinham diâmetros basais de 1 e 3 cm (Fig. 9). Isso mostra que uma proporção maior da população de café em talhadia no PC ainda é relativamente maior em seus diâmetros basais do que a população de café não-copado no SFC. No entanto, a prática de talhadia não é o único fator que produz variações de tamanho entre a população de café. Outros fatores, como a disponibilidade de diferentes níveis de sombra nos diferentes sistemas de produção de café, contribuem para essa diferença. Por exemplo, há diferentes distribuições de classes de tamanho entre a população de café nos sistemas FC e SFC, onde não há prática de poda (Tabela 9). Isso pode estar relacionado com os níveis de práticas de manejo no dossel de sombra e no sub-bosque do ecossistema CAF.

As variações entre os sistemas de produção de café modernos e tradicionais na estrutura da população de café podem, por conseguinte, ser associadas ao nível de gestão tanto das plantas não cafeeiras como das plantas cafeeiras. Para além das práticas de gestão das plantas não cafeeiras, são frequentemente aplicadas várias podas (por exemplo, desponta e talhadia cíclica) em arbustos de café individuais em PC para aumentar a produtividade. O rendimento do café aumenta com o aumento das intervenções de gestão nas plantas de café, bem como no dossel e no sub-bosque de um ecossistema CAF (Wiersum 2010, Aerts et al. 2011). No entanto, uma prática nos sistemas tradicionais de produção de café (por exemplo, SFC) centra-se principalmente na retenção das plantas de café maduras e, em certa medida, das plantas jovens (para mais detalhes, ver secção 2.2), e o seu rendimento é muitas vezes inferior ao do PC moderno (Wiersum 2010).

5.5. Implicações da biodiversidade para a produção sustentável de café e os serviços ecossistémicos

Este estudo indicou que a intensificação do cultivo do café (a conversão de uma CAF em SFC, SPC ou PC) para aumentar a produção de café teve um impacto negativo nos habitats de diferentes biotas. Isso levou a uma perda de diversidade florística e estrutural dentro de um ecossistema CAF.

É provável que isso tenha impactos negativos sobre os serviços ecossistêmicos de longo prazo e a produtividade do café do sistema. Por exemplo, devido às várias interações complexas entre as espécies nas florestas tropicais, espera-se que a homogeneização nas agroflorestas cafeeiras intensamente manejadas também esteja ocorrendo em outros táxons, como artrópodes, insetos, mamíferos, aves ou orquídeas epífitas (Perfecto et al. 1996, Perfecto et al. 2003, Gordon et al. 2007, Hundera et al. 2013b), e na diversidade funcional e genética, por exemplo, do *C. arabica* (Aerts et al. 2013). Há também uma série de estudos que relacionam a biodiversidade com a produtividade do café. A frutificação das plantas de café autopolinizadoras (*C. arabica*) demonstrou ser fortemente influenciada por uma abundância de insectos polinizadores (Roubik 2002, Klein et al. 2003, Vergara e Badano 2009). Na Indonésia, a frutificação do café das terras altas aumentou com a diversidade de espécies de abelhas polinizadoras, passando de 60% na presença de 3 espécies de abelhas para 90% na presença de 20 espécies de abelhas (Klein et al. 2003). Também foi relatada uma correlação negativa entre a cobertura de sombra e a diversidade da flora, e a invasão de pragas do café (Soto-Pinto et al. 2002; Martinez-Sanchez 2008, Karp et al. 2013). No entanto, os estudos que examinaram o efeito direto da densidade de sombra do sobre-bosque no rendimento do café apresentaram resultados contraditórios. Alguns mostram um aumento do rendimento após a redução da sombra, outros não mostram qualquer diferença entre sombra moderada e ausência de sombra, enquanto outros mostram uma relação em forma de corcunda (Perfecto et al. 2005). Na Etiópia, o rendimento estimado do café aumenta de cerca de 50 para 570 kg/ha à medida que a complexidade estrutural e a riqueza de espécies diminuem ao longo do gradiente FC-SFC-GC-PC (Gole 2003, Schmitt 2006, Wiersum 2010). Apesar dessas inconsistências, a perda de biodiversidade nos ecossistemas CAF geridos intensivamente pode, de modo geral, comprometer a sustentabilidade da produção de café. Assim, é muito provável que as perdas de diversidade reduzam a resiliência dos ecossistemas e perturbem os serviços ecossistémicos relacionados com a produção de café, como a polinização (Priess et al. 2007, Vergara e Badano 2009) e o controlo de pragas (Soto-Pinto et al. 2002).

Uma perda de biodiversidade num ecossistema CAF pode também levar a uma perda de serviços económicos, que podem ser obtidos do sistema para além do café. Embora não tenham sido coletados dados neste estudo sobre este aspeto de um ecossistema CAF, observou-se na América Central e do Sul (Rice 2008, Méndez et al. 2010) que as árvores de sombra têm uma clara importância como fonte diária de lenha e como fonte ocasional de madeira, madeira de construção e forragem para abelhas (Apêndice 7). Em ambos os sítios de Gumer e Kossa, por exemplo, alguns agricultores mencionaram que uma grande parte da sua lenha e utensílios agrícolas e domésticos são obtidos das suas explorações de café. Para além disso, algumas espécies de árvores de sombra, como a *Acacia sp., C. macrostachyus, C. africana, S. abyssinica* e *A. adolfi-friendericii* são conhecidas pelo seu mel de qualidade única, que obtém o melhor preço. Algumas espécies de árvores de sombra, como a *P. fulva* e a *Albizia sp.* são também muito atractivas para as abelhas e os apicultores tradicionais colocam frequentemente as suas colmeias nos ramos destas espécies de árvores para capturar facilmente os enxames de abelhas "selvagens" (Fichtl e Adi 1994). Além disso, os agricultores locais recolhem sementes oleaginosas e forragens das árvores de sombra (Anexo 7). O óleo das sementes de *T. emetica* é usado para polir uma forma local de cozer "injera", chamada "mitad" e as folhagens de algumas espécies de árvores, p.ex. *F. thonningii*, são uma boa fonte de forragem para o gado. Tudo isto mostra que uma maior modificação da diversidade de espécies florestais dos CAF pode afetar os seus papéis funcionais (por exemplo, polinização e controlo de pragas) e perturbar a posição económica e os meios de subsistência das pessoas (em particular dos agricultores de subsistência) que dependem da cultura do café e dos produtos florestais associados aos CAF.

CAPÍTULO 6. CONCLUSÃO E RECOMENDAÇÃO

6.1. Conclusão

Os resultados deste estudo mostram que a intensificação do cultivo de café de CF para PC leva a uma baixa diversidade de espécies de árvores e a uma população de plantas e estruturas de vegetação simples. As espécies mais afectadas são as espécies florestais tolerantes à sombra (clímax), as árvores de médio e pequeno porte e as espécies arbóreas de grande porte, consideradas inadequadas para a produção de café. Como resultado, a maioria das parcelas SFC (SPC) e todas as parcelas PC tinham dois estratos de copa, com a copa inferior dominada exclusivamente por arbustos de café e a copa superior por uma ou duas das espécies de árvores pioneiras, principalmente *Albizia sp, A. abyssinica, C. macrostachyus* e *C. africana*. As espécies arbóreas clímax, por exemplo, *O. welwitschii, D. abyssinica* e *S. ellipticum*, tiveram abundância relativamente maior no dossel superior de algumas parcelas, por exemplo, na agrofloresta cafeeira tipo III - CAFs recentemente desenvolvidas a partir de florestas naturais primárias.

Com base na análise dos resultados ao longo do gradiente de manejo (FC-SFC-SPC-PC), as seguintes conclusões podem ser tiradas: (1) a diversidade de espécies arbóreas diminui acentuadamente com o aumento da intensidade e/ou idade do manejo, (2) a regeneração natural de espécies arbóreas e do café diminui ao longo do gradiente de manejo, (3) as estruturas populacionais de muitas espécies, incluindo o café, são modificadas pelo manejo, e (4) a estrutura da vegetação das CAFs torna-se simplificada ao longo do gradiente de manejo.

Globalmente, a diversidade florística e estrutural diminuiu de um modo geral, desde a FC, passando pelas SFC, até ao PC, devido ao aumento da intensidade da gestão (frequência das perturbações) ao longo do gradiente de gestão. Esta mudança evolutiva dos sistemas de produção de café de CF para PC, através da intensificação do cultivo para maximizar a produção de café nas florestas Afromontanas húmidas e sempre-verdes do Sudoeste da Etiópia, também resulta numa mudança na composição das espécies arbóreas para uma comunidade de poucas espécies arbóreas pioneiras, por exemplo, *C. Macrostachyus, Albizia sp* e *Acacia sp.* Isto confirma a teoria da Hipótese da Perturbação Intermédia (seta 3 na Fig. 1) com níveis elevados de perturbação.

6.2. Recomendação

Embora a produção de café no sudoeste da Etiópia garanta um importante coberto florestal na região, o regime específico de desbaste aplicado pelos agricultores para maximizar a produtividade do café resulta numa baixa diversidade de espécies vegetais e numa estrutura simplificada da vegetação. Afecta particularmente as espécies clímax da floresta tropical afromontana, mas algumas parcelas de café ainda contêm algumas das espécies clímax. Estas espécies podem escapar à extinção local se forem toleradas e se lhes for permitida a regeneração. No entanto, dada a crescente demanda por intensificação do cultivo de café para um PC mais simplificado, a importância dos CAFs para conservar essas espécies de árvores e outras é menos provável. Devido ao corte frequente do sub-bosque, nem o manejo SFC nem o PC permitem a regeneração e, portanto, essas espécies acabarão por se extinguir localmente.

Portanto, a restauração de populações saudáveis de espécies clímax é fundamental para preservar a biodiversidade, a capacidade de regeneração, a vitalidade e as funções ecossistémicas das agroflorestas de café da Etiópia (por exemplo, Aerts et al. 2011). Espécies preferenciais de árvores de sombra também são necessárias para manter a produtividade de um ecossistema CAF e, portanto, desempenham um papel vital na preservação da cobertura florestal. Por conseguinte, recomendam-se as seguintes actividades no que respeita à gestão, conservação e investigação futura.

Gestão e conservação:

1. Restauração das principais espécies de árvores de copa nos sistemas tradicionais e modernos de produção de café através de replantio. As espécies de árvores de sombra preferidas para a produção de café podem atuar como sombra temporária para as plântulas de espécies clímax de vida mais longa.

2. Incentivar os agricultores a manter nas suas explorações algumas plântulas regeneradas naturalmente das principais espécies de árvores de copa.

3. Deve ser desenvolvida e implementada uma estratégia de conservação que permita

a conservação da biodiversidade florestal, em particular a diversidade das espécies de árvores de sombra. As espécies de árvores de sombra potenciais, as espécies de árvores de sombra raras e as árvores-mãe das espécies de árvores de sombra mais importantes devem ser mantidas e conservadas para uma produção de café sustentável a longo prazo e, ao mesmo tempo, para a conservação das espécies de árvores de sombra.

4. O estabelecimento de pontos de conservação da biodiversidade (**biopots**) é especialmente crucial para recrutar árvores de copa e reduzir a perda de biodiversidade nos sistemas de produção tradicionais e modernos. Isto pode ser conseguido através do estabelecimento de pequenos recintos (pequenas parcelas cercadas onde o corte é temporariamente proibido) dentro dos fragmentos CAF para o recrutamento e conservação das espécies preferidas de árvores de sombra e clímax, da população de café selvagem e de outra biota associada.

Os pontos que necessitam de mais investigação:

1. Estudo exaustivo da diversidade e composição das espécies de árvores de sombra ao longo do gradiente de gestão do café e dos factores que as influenciam, tanto a nível local como regional.

2. Biologia reprodutiva, agentes de dispersão e ecologia da regeneração das espécies arbóreas de sombra preferida e de clímax.

3. Os efeitos das variáveis ambientais na diversidade, composição e distribuição das espécies de árvores de sombra.

4. Factores socioeconómicos e outros (por exemplo, aplicação da lei, regulamentação, política) que afectam a diversidade e a composição das espécies de árvores num ecossistema CAF.

5. Estudo científico sobre a aptidão das espécies de árvores de sombra para a produção de café e, ao mesmo tempo, para os serviços ecossistémicos.

6. A relação entre a diversidade e composição de espécies arbóreas com a produtividade e qualidade do café.

7. Densidade adequada de árvores de sombra para maximizar a produtividade do café

e a conservação da biodiversidade num ecossistema CAF.

8. Possibilidade de integrar espécies arbóreas nativas economicamente importantes num ecossistema CAF sem afetar a produtividade do café.

9. Impactos de diferentes sistemas de produção de café na diversidade faunística, tanto a nível local como regional.

10.   Funções socioeconómicas de um ecossistema CAF para além da produção de café.

11.   O papel dos diferentes sistemas de produção de café nos serviços ecossistémicos (por exemplo, fixação de carbono, conservação do solo e da água) e na atenuação das alterações climáticas.

6.3. Limitações do estudo

1. Os dados deste estudo foram obtidos a partir de fontes publicadas e de um inquérito de campo. Os dados das fontes publicadas, recolhidos de CF e SFC em quatro locais diferentes, foram selecionados a partir de uma série de dados em cada fonte publicada e resumidos separadamente da melhor forma para se enquadrarem nos objectivos deste estudo. Por outro lado, os dados de campo, recolhidos de SFC e PC em dois locais, seguindo os procedimentos de amostragem das fontes publicadas, foram analisados separadamente. Posteriormente, as comparações entre os diferentes sistemas de produção de café (CF, SFC, SPC & PC) foram efectuadas com base nesses dados analisados separadamente (ver Fig. 5). Além disso, os dados de campo não foram recolhidos em cada local das fontes publicadas. Foram recolhidos apenas num local das fontes publicadas. Este facto pode afetar os resultados do presente estudo no sentido de mostrar as diferenças reais da estrutura da vegetação e da diversidade e composição das espécies arbóreas ao longo do gradiente do sistema de produção de café dentro de cada local e entre locais.

2. O café distribui-se naturalmente por uma vasta gama de regiões geográficas na Etiópia e de condições fisiográficas numa mesma região (Gole 2003, Feyera 2006). A sua ampla distribuição reflecte a capacidade da espécie para coexistir com diferentes espécies de árvores adaptadas a diferentes condições ambientais. Além disso, a distribuição e a abundância das espécies arbóreas podem ser afectadas localmente por

uma série de elementos fisiográficos, por exemplo, propriedades do solo, carga térmica, humidade e outros. A este respeito, o levantamento de campo do presente estudo considerou apenas algumas destas variáveis, por exemplo, altitude, declive e aspectos, pelo que os efeitos ambientais podem ser combinados com os efeitos de gestão.

3. Devido a grandes variações no histórico de uso da terra e outros fatores além do manejo do café, uma gama de variações nas variáveis de interesse dentro do mesmo sistema de produção, por exemplo, dentro do PC e SFC, foi notada durante o trabalho de campo. No entanto, apenas algumas das principais diferenças foram consideradas para a seleção dos locais de amostragem. Além disso, os locais de amostragem no sistema SFC foram selecionados a partir de locais próximos do sistema PC (Fig. 6), em que as suas práticas de gestão podem ser direta ou indiretamente influenciadas pelas experiências da plantação moderna. Este facto pode influenciar os resultados do presente estudo no sentido de mostrar a diversidade real de espécies arbóreas e a estrutura da vegetação, particularmente no sistema SFC. Os sistemas SFC localizados longe da influência do PC também podem ter resultados diferentes do presente estudo.

REFERÊNCIAS

Abebe T., Wiersum K., Bongers F., Sterck F. 2006. Diversidade e dinâmica em hortas caseiras do sul da Etiópia. In: Kumar B.M., Nair P.K.R. (eds) (2006) Tropical homegardens: a time-tested example of sustainable agroforestry. Springer, Dordrecht, Países Baixos.

Aerts R., Berecha G., Gijbels P., Hundera K., Van Glabeke S., Vandepitte K., Muys B., Roldán-Ruiz I., Honnay O. 2013. Variação genética e riscos de introgressão no pool genético selvagem *de Coffea arabica* nas florestas tropicais Montane do sudoeste da Etiópia. *Evolutionary Applications* 6:243-252.

Aerts R., Hundera K., Berecha G., Gijbels P., Baeten M., Van Mechelen M., Hermy M., Muys B., Honnay O. 2011. Cultivo de café semi-florestal e conservação de fragmentos de floresta tropical afromontana da Etiópia. *Forest Ecology and Management* 261(6):1034-1041.

Anon. 2011. Perfil socioeconómico do distrito de Limmu-Kossa. Disponível em http://oromiyaa.com/index.php?view=article&catid=112%3Ajimma&id=318%3 Alumu-kossa-woreda-profile&format=pdf&option=com_content&Itemid=786 (acedido em 31 de agosto de 2013).

Atta-Krah K., Kindt R., Skilton J.N., Amaral W. 2004. Gestão da diversidade biológica e genética na agroflorestação tropical. *Sistemas Agroflorestais* 61:183-194.

Beer J., Muschler R., Kass D., Somarriba E. 1998. Gestão da sombra em plantações de café. *Agroforestry Systems* 38:139-164.

Bone L., Lawrence M., Magombo Z. 1997. O efeito de uma plantação *de Eucalyptus camaldulensis* (Dehn) na recuperação da floresta nativa nas montanhas de Ulumba, no sul do Malawi. *Forest Ecology and Management* 99:83-99.

Chilalo M., Wiersum K.F. 2011. The role of non-timber forest products for livelihood diversification in Southwest Ethiopia (O papel dos produtos florestais não madeireiros na diversificação dos meios de subsistência no sudoeste da Etiópia). *Ethiopian e-Journal Research and innovation Foresight- Agriculture and Forestry Issue* 3(1):44-

59.

Connell J.H. 1978. Diversity in tropical rain forests and coral reefs. *Science* 199:1302-1309.

Correia M., Diabate' M., Beavogui P., Guilavogui K., Lamanda N., de Foresta H. 2010. Conservação da diversidade de árvores florestais na Guiné (Guiné, África Ocidental): o papel das agroflorestas baseadas no café. *Biodiversidade e Conservação* 19:1725-1747.

CPDE. 2011. Empresa de Desenvolvimento da Lavoura Cafeeira (CPDE) Relatório anual 2010/2011.

De Souza H.N., De Goede R.G.M., Brussaard L., Cardoso I.M., Duarte E.M.G., Fernandes R.B.A., Gomes L.C., Pulleman M.M. 2012. Sombreamento protetor, diversidade de árvores e propriedades do solo em sistemas agroflorestais de café no bioma Mata Atlântica. *Agricultura, Ecossistemas e Meio Ambiente* 146:179-196.

Denich M., Gole T.W., Gatzweiler F., Balcha G., Vlek P.L.G. 2008. CoCE-Conservação e utilização das populações selvagens de *Coffea arabica* nas florestas tropicais montanhosas da Etiópia. Biodiversidade de África-Observação e Gestão Sustentável para o nosso Futuro! 29 de setembro - 3 de outubro de 2008 Spier/Stellenbosch/República da África do Sul.

Donald P.F. 2004. Biodiversity impacts of some agricultural commodity production systems-Issues in international conservation. *Conservation Biology* 18(1):17-37.

Ficht R., Adi A. 1994. Honeybee flora of Ethiopia. Margraf Verlag Weikersheim, Alemanha.

Gole T.M. 2003. Vegetation of the Yayu forest in SW Ethiopia: impacts of human use and implications for *in situ* conservation of wild *Coffea arabica* L. populations. Ecology and Development Series No. 10. Curvillier Verlag, Gottingen, Alemanha.

Gole T.W., Borsch T., Denich M., Teketay D. 2008. Composição florística e factores ambientais que caracterizam a floresta de café no sudoeste da Etiópia. *Forest Ecology and Management* 255(7):2138-2150.

Gordon C., Manson R., Sundberg J., Cruz-Ango'n A. 2007. Biodiversidade, rentabilidade e estrutura da vegetação num agroecossistema de café mexicano. *Agriculture, Ecosystems and Environment* 118:256-266.

Harris F.C. 2007. O efeito da competição no crescimento e na estrutura do povoamento, das árvores e da madeira em plantações subtropicais *de Eucalyptus grandis*. Tese de doutoramento, Escola de Ciências e Gestão Ambiental, Southern Cross University, Lismore, NSW.

Hill M.O. 1973. Diversidade e regularidade: uma notação unificadora e suas consequências. *Ecologia* 54:427-432.

Hundera K., Aerts R., Fontaine A., Van Mechelen M., Gijbels P., Honnay O., Muys B. 2013a. Efeitos da intensidade da gestão do café na composição, estrutura e estado de regeneração das florestas sempre-verdes húmidas Afromontanas da Etiópia. *Gestão Ambiental* 51:801-809.

Hundera K., Aerts R., De Beenhouwer M., Van Overtveld K., Helsen K., Muys B., Honnay O. 2013b. Tanto a fragmentação florestal como o cultivo de café afectam negativamente a diversidade de orquídeas epífitas nas florestas sempre-verdes húmidas Afromontane da Etiópia. *Biological Conservation* 159:285-291.

Hylander K., Nemomissa S., Delrue J., Enkosa W. 2012. Efeitos da gestão do café nas taxas de desflorestação e na integridade da floresta. *Biologia da Conservação* 27:1031-1040.

JARC. 2003. Folha de Resumo dos Dados Meteorológicos da Estação Meteorológica do Centro de Investigação Agrícola de Jimma.

Jha S., Vandermeer J.H. 2010. Impactos da gestão agroflorestal do café nas comunidades de abelhas tropicais. *Biological Conservation* 143:1423-1431.

Karp D.S., Mendenhall C.D., Sandi R.F., Chaumont N., Ehrlich P.R., Hadly E.A., Daily G.C. 2013. A floresta reforça a abundância de aves, o controlo de pragas e a produção de café. *Ecology Letters* 16(11):1339-1347.

Kebebew Z., Urgessa K. 2011. Perspetiva agroflorestal no padrão de uso da terra e estratégia de enfrentamento dos agricultores: experiência do sudoeste da Etiópia. *Revista Mundial de Ciências Agrícolas* 7(1):73-77.

Kessler M., Keßler P.J.A., Gradstein S.R., Bach K., Schmull M., Pitopang R. 2005. Diversidade de árvores em florestas primárias e diferentes sistemas de uso da terra em Sulawesi Central, Indonésia. *Biodiversity and Conservation* 14:547-560.

Klein A.M., Steffan-Derwenter I., Tscharntke T. 2003. A frutificação do café das terras altas aumenta com a diversidade das abelhas polinizadoras. *Proceeding of Royal Society of London* 270:955-961.

Leakey R.R.B. 1996. Definição de agroflorestação revisitada. *Agroforestry Today* 8(1):5- 7.

Magurran A.E. 1988. Ecological diversity and its measurement. Princeton University Press, Princeton, Nova Jersey, Reino Unido.

Mahmood T. 2008. Caracterização da diversidade de árvores nas agro-florestas de café de Haro (Manna Woreda da Zona de Jimma, Etiópia). Diploma de Mestrado GEEFT com especialidade FRT. Gestão Ambiental de Ecossistemas e Florestas Tropicais, Especialidade Florestas Rurais e Tropicais, AgroParisTech, Paris.

Martinez-Sanchez J.C. 2008. O papel da produção orgânica na conservação da biodiversidade em plantações de café de sombra. Dissertação de doutoramento, Universidade de Washington.

Méndez V.E. 2004. Traditional shade, rural livelihoods and conservation in small coffee farms and cooperatives of western El Salvador. Tese de doutoramento, Estudos Ambientais, Universidade da Califórnia, Santa Cruz.

Méndez V.E., Bacon C.M., Olson M., Morris K.S., Shattuck A. 2010. Agrobiodiversity and shade coffee smallholder livelihoods: a review and synthesis of ten years of research in Central America [Agrobiodiversidade e meios de subsistência dos pequenos produtores de café de sombra: uma revisão e síntese de dez anos de pesquisa na América Central]. *The Professional Geographer* 62(3):357-376.

Mitchell K. 2007. Análise quantitativa pelo método do quarto centrado no ponto.

Hobart and William Smith Colleges, Genebra, NY 14456. Disponível em http://arxiv.org/pdf/1010.3303.pdf (acedido em 05 de novembro de 2012).

Myers N., Mittermeier R.A., Mittermeier C.G., Da Fonseca G.A.B., Kent J. 2000. Hotspots de biodiversidade para prioridades de conservação. *Nature* 403:583-858.

Nair P.K.R. 1993. An introduction to agoforestry. Kluwer Academic Press/ICRAF: Dordrecht, Países Baixos.

Obso T. K. 2006. Diversidade ecofisiológica de populações selvagens de café Arábica na Etiópia: Crescimento, relações hídricas e caraterísticas hidráulicas ao longo de um gradiente climático. Ecology and Development Series No. 46. Curvillier Verlag, Gottingen, Alemanha.

Pavoine S., Bonsall M. B. 2011. Medir a biodiversidade para explicar a montagem da comunidade: uma abordagem unificada. *Biological Review* 86:792-812.

Perfecto I., Mas A., Dietsch T.V., Vandermeer J. 2003. Species richness along an agricultural intensification gradient: a tri-taxa comparison in shade coffee in southern Mexico. *Biodiversity and Conservation* 12(6):1239-1252.

Perfecto I., Rice R.A., Greenberg R., Der Voort M.E.V. 1996. Café de sombra: um refúgio em extinção para a biodiversidade. As plantações de café de sombra podem conter tanta biodiversidade como os habitats florestais. *BioScience* 46(8):598-608.

Perfecto I., Vandermeer J., Mas A., Pinto L.S. 2005. Biodiversity, yield, and shade coffee certification (Biodiversidade, rendimento e certificação do café de sombra). *Ecological Economics* 54(4):435-446.

Petty C., Seaman J., Majid N. 2004. Coffee and house poverty: a study of coffee and household economy in two districts of Ethiopia [Café e pobreza doméstica: um estudo sobre o café e a economia doméstica em dois distritos da Etiópia]. Save the Children UK.

Polzot C.L. 2004. Armazenamento de carbono em agroecossistemas de café do sul da Costa Rica: aplicações potenciais para o mecanismo de desenvolvimento limpo. Tese de Mestrado, Universidade de York, Toronto, Ontário, Canadá.

Priess J.A., Mimler M., Klein A.M., Schwarze S., Tscharntke T., Steffan-Dewenter I. 2007. Ligação entre cenários de desflorestação e serviços de polinização e retornos económicos em sistemas agroflorestais de café. *Ecological Applications* 17:407-417.

Rice R.A. 2008. Intensificação agrícola dentro da agrofloresta: O caso do café e dos produtos madeireiros. *Agricultura, Ecossistemas e Meio Ambiente* 128:212-218.

Roubik D.W. 2002. O valor das abelhas para a colheita do café. *Nature* 417:708.

Russell E. 1996. Monitorização da vegetação terrestre com parcelas permanentes: um manual de procedimentos. Projeto de relatório final, USDI, Serviço Nacional de Parques, Região do Atlântico Médio.

Schmitt C. 2006. Floresta tropical montana com *Coffea Arabica* selvagem na região de Bonga (SW da Etiópia): diversidade vegetal, gestão do café selvagem e implicações para a conservação. Ecology and Development Series No. 47, Cuvillier Verlag, Gottingen, Alemanha.

Schmitt C.B., Senbeta F., Denich M., Preisinger H., Boehmer H.J. 2009. Gestão do café selvagem e diversidade vegetal na floresta tropical montana do sudoeste da Etiópia. *Jornal Africano de Ecologia* 48:78-86.

Senbeta F. 2006. Biodiversity and ecology of Afromontane rainforests with wild *Coffea arabica* L. populations in Ethiopia (Biodiversidade e ecologia das florestas tropicais afromontanas com populações selvagens *de Coffea arabica* L. na Etiópia). Ecology and Development Series No. 38, Cuvillier Verlag, Gottingen, Alemanha.

Senbeta F., Denich M. 2006. Effects of wild coffee management on species diversity in the Afromontane rainforests of Ethiopia (Efeitos da gestão do café selvagem na diversidade de espécies nas florestas tropicais afromontanas da Etiópia). *Forest Ecology and Management* 232:68-74.

Soto-Pinto L., Perfecto I., Caballero-Nieto J. 2002. Sombreamento do café: seus efeitos sobre a broca da baga, a ferrugem da folha e as ervas espontâneas em Chiapas, México. *Agroforestry Systems* 55:37-45.

Soto-Pinto L., Villalvazo-Lo'pez V., Jime'nez-Ferrer G., Rami'rez-Marcial N.,

Montoya G., Sinclair F. 2007. O papel do conhecimento local na determinação da composição da sombra de sistemas de café multiestratos em Chiapas, México. *Biodiversidade e Conservação* 16:419-436.

Stirling G. Wilsey B. 2001. Empirical relationships between species richness, evenness, and proportional diversity. *The American Naturalist* 158(3):286-299.

Swallow B., Boffa J., Scherr S.J. 2006. O potencial da agrofloresta para contribuir para a conservação e o aumento da biodiversidade da paisagem. In: Garrity D., Okono A., Grayson M., Parott S. (eds) (2006) World agroforestry into the future, pp. 95-101. Centro Mundial de Agroflorestação, Nairobi.

Tesemma A.B., Birnie A., Tengnäs B. 1993. Árvores e arbustos úteis para a Etiópia: identificação, propagação e gestão para comunidades agrícolas e pastoris. Technical hand book no.5, Regional Soil Conservation Unit/SIDA, Addis Ababa and Nirobi.

Torras O., Saura S. 2008. Efeitos dos tratamentos silvícolas nos indicadores de biodiversidade florestal no Mediterrâneo. *Forest Ecology and Management* 255:33223330.

Tulu Z.J. 2010. Instituições, incentivos e conflitos na utilização e conservação da floresta de café: o caso da floresta de Yayo na zona de Iluu Abba Bora, sudoeste da Etiópia. Dissertação inaugural, Faculdade de Agricultura, Universidade Rheinischen Friedrich-Wilhelms, Bona.

Tuomisto H. 2010. A diversity of beta diversities: straightening up a concept gone awry. Parte 1. Definindo a diversidade beta como uma função da diversidade alfa e gama. *Ecografia* 33:2-22.

Van Der Hout P., Zagt R.J. 2003. Respostas das populações de árvores e da composição florestal ao abate seletivo de árvores na Guiana. In: ter Steege H. (ed) (2003) Longterm changes in tropical tree diversity. Studies from the Guiana Shield, Africa, Borneo and Melanesia. Série Tropenbos 22. Tropenbos International, Wageningen, Países Baixos.

Vergara C.H., Badano E.I. 2009. A diversidade de polinizadores aumenta a produção de frutos nas plantações de café mexicanas: a importância dos sistemas de gestão rústica. *Agricultura, Ecossistema e Meio Ambiente* 129:117-123.

Volkmann J. 2008. How wild' is Ethiopian forest coffee? - The disenchantment of a myth - Relatório do Projeto CoCE, subprojecto 5.4. Disponível em http://www.evolve-sustainable-development.de/downloads/How%20%27wild%27%20is%20 Ethiopian%20Forest%20Coffee%20-%20disenchantment%20of%20a%20myth.pdf (acedido em 21 de janeiro de 2013).

Wakjira D.T. 2007. Forest cover change and socioeconomic drivers in southwest Ethiopia (Mudança do coberto florestal e factores socioeconómicos no sudoeste da Etiópia). Tese de mestrado, Centro de Gestão e Posse da Terra, Universidade Técnica de Munique, Alemanha.

Wezel A., Ohl J. 2005. O afastamento dos centros urbanos influencia a diversidade de plantas em hortas caseiras e campos de pântano? Um estudo de caso dos Matsiguenka na floresta tropical amazónica do Peru. *Agroforestry Systems* 65(3):241-251.

Whittaker R.H. 1960. Vegetação das Montanhas Siskiyou, Oregon e Califórnia. *Ecological Monographs* 30:279-338.

Wiersum K.F. 2010. Dinâmica florestal no sudoeste da Etiópia: interfaces entre a degradação ecológica e o enriquecimento de recursos. In: Bongers F., Tennigkeit T. (eds) (2010) Degraded forests in Eastern Africa. Earthscan, Nova Iorque.

Woldemariam T., Fetene M. 2007. Florestas de Sheka: dimensões ecológicas, sociais, legais e económicas das recentes mudanças no uso/cobertura da terra - visão geral e síntese. MELCA Mahiber e a Rede Africana de Biodiversidade, PP.1-20. Disponível em http://www.melca-ethiopia.org/images/stories/Publication/ Forests%20of%20Sheka.pdf (acedido em 22 de novembro de 2011).

Banco Mundial. 2001. Indicadores de desenvolvimento africano. Washington.

APÊNDICES

Apêndice 1 Fisiografia e intensidade de manejo do café de cada parcela de amostragem de uma pesquisa de campo.

Coffee agroforest types	Prod. System	Gumer					Kossa			
		Plot	Slope (degree)	Altitude (masl)	Aspect	Coffee management	Slope (degree)	Altitude (masl)	Aspect	Coffee Management
CAFT I	SFC	1	15	1740	NE	++	3	1872	NW	+
		2	15	1735	NE	++	3	1872	NW	+
		3	35	1724	NE	++	10	1869	NE	++
		4	35	1713	NE	++	6	1865	NE	++
	PC	1	24	1770	NE	+++	14	1853	NW	+++
		2	36	1752	NE	+++	12	1844	NW	+++
		3	35	1750	NE	+++	23	1853	SE	+++
		4	25	1743	NE	+++	20	1858	NE	+++
CAFT II	SFC	1	2	1712	SW&SE	+	13	1716	SW	+
		2	4	1707	SW&SE	+	4	1719	SW	+
		3	5	1701	SW&SE	+	8	1731	SW	+
		4	5	1705	SW&SE	+	8	1732	SW	++
		5	10	1706	SW&SE	+	7	1724	SW	++
		6		1706	SW&SE	+	2	1733	SW	++
		7		1706	SW&SE	+				
		8	16	1705	SW&SE	+				
		9	13	1696	SW&SE	+				
		10	11	1703	SW&SE	+				

Apêndice 1 - continuação

Coffee agroforest types	Prod. System	Gumer					Kossa			
		Plot	Slope (degree)	Altitude (masl)	Aspect	Coffee management	Slope (degree)	Altitude (masl)	Aspect	Coffee Management
CAFT II	PC	1	5	1706	SE	+++	7	1712	SW	+++
		2		1704	SE	+++	5	1718	SW	+++
		3		1694	SE	+++	4	1717	SW	+++
		4	7	1701	SE	+++	1	1723	SW	+++
		5	11	1701	SW	+++	1	1723	SW	+++
		6	9	1705	NE	+++	1	1735	SW	+++
		7	8	1700	NE	+++				
		8	4	1700	NE	+++				
		9	5	1696	SW	+++				
		10	6	1693	SW&SE	+++				
CAFT III	SFC	1	6	1740	SW	±	12	1846	NE	±
		2	10		NW	±	6	1837	NE	±
		3	11		NW	±	12	1836	NE	±
		4					12	1842	NE	±
	PC	1	5		SW	+++	7	1836	SW	+++
		2			NW	+++	8	1834	SW	+++
		3			NW	+++	11	1863	SW	+++
		4					12	1843	SW	+++

PC = café de plantação, **SFC** = café "semi-florestal", **NE** = nordeste, **SE** = sudeste, **NW** = noroeste, **SW** = sudoeste, **+++** = muito intensivo, **++**= intensivo, **+** = menos intensivo, **±** = menos intensivo.

Apêndice 2 Espécies e famílias de árvores registadas nos sistemas PC e SFC nas áreas de Gumer e Kossa durante um levantamento de campo.

Família	Espécies	Nome local (Afan Oromo/Amárico)	Hábito de crescimento
Fabáceas	*Albizia schimperiana* Oliv. & A. gummifera (J.F.Gmel) C.A.Sm.	Ambebesa/Sesa	Árvore alta
Euphorbiaceae	*Croton macrostachyus* Del.	Bekenissa/Bisana	Árvore alta
Fabáceas	*Acacia abyssinica* Hochst.ex Benth	Sondi, lafto/Bazra Girar	Árvore alta
Oleáceas	*Olea welwitschii* (Knobl.) Gilg. & Schellenb.	Beya, Beha/Sigida weira	Árvore alta
Boragináceas	*Cordia africana* Lam.	Wodesa/Wanza	Árvore alta
Moráceas	*Ficus vasta* Forssk.	Qiltu/Warka	Árvore alta
Rosáceas	*Prunus africana (Hook.f.)* Kalkm.	Omo, Homi/Tikur inchet	Árvore alta
Moráceas	*Ficus thonningii* Blume	Dembi/Asadrign	Árvore alta
Proteáceas	*Grevillea robusta* A.Cunn.ex R.Br.	*Grevílea*	Árvore alta
Ulmáceas	*Celtis africana* Burm.f.	Cheye, Cheke/Kawoot	Árvore alta
Moraceae	*Ficus sur* Forssk.	Habru, Harbu/Shola	Árvore alta
Meliáceas	*Trichilia emetica* Vahl.	Anuno /Mahogani	Árvore alta
Araliaceae	*Schefflera abyssinica* (Hochst.ex A.Rich) Harms	Boto,Gatama/Gitem,Kokora	Árvore alta
Euphorbiaceae	*Sapium ellipticum* (Hochst) Pax	Bosoka/Arboche	Árvore alta
Melianthaceae	*Bersama abyssinica* Fresen.	Ararsa, Lolchisa/Azamir	Árvore pequena
Fabáceas	*Milletia ferruginea* (Hochst) Bak. *subsp.darassana (Cuf.)Gillett*	Asra, Dedatu, Sotellu /Birbira	Árvore alta
Ebenáceas	*Diospyros abyssinica* (Hiern) F. White	Lokko/Yewotet enchet	Árvore alta
Myrsinaceae	*Maesa lanceolata* Forssk.	Abeyi/Kelawa	Árvore pequena
Araliaceae	*Polyscias fulva* (Hiern) prejudica	Kuda/Yezinjero wonber	Árvore alta
Rutáceas	*Teclea nobilis* Del.	Adessa,Begama/Atesa	Árvore pequena
Sapotáceas	*Aningeria adolfi-friendericii* (Engl.) Robyns & Gilbert	Guduba, Suduba/Kerero	Árvore alta
Boragináceas	*Ehretia cymosa* Thonn.	Hulaga,Oolaga/jogo	Árvore pequena
Myrtaceae	*Eucalyptus grandis W.Hill ex Maiden*	Chave bahir zaf	Árvore alta
Euphorbiaceae	*Bridelia micrantha* (Hochst.) Baill.	Dulo,Galalo/Yenebir-tifir	Árvore média
Meliáceas	*Ekebergia capensis* Sparrm.	Duduna,S ombo/S ombo	Árvore alta
Loganiaceae	*Nuxia congesta* Fresen.	Anfare, Irba/Checho	Árvore

			pequena
Myrtaceae	*Syzygium guineense subsp. Afromontanum* F.White	Bedessa/Dokima	Árvore alta
Celastraceae	*Maytenus arbutifolia* (Hochst. ex A.Rich.) R.Wilczek	Kombolcha/Atat	Árvore pequena
Icacináceas	*Apodytes dimidiata* C.A.Sm.	Dannisa Qumbala/Chelleka	Árvore alta
Simaroubaceae	*Brucea antidysenterica* J.F.Mill	Komegno//Kakero	Árvore pequena

Árvore pequena: <15 m; árvore média: 15-30 m; árvore alta: >30 m.

Apêndice 3 Imagens que mostram uma vista parcial das espécies de árvores de sombra pioneiras dominantes na plantação de café (esquerda) e no café "semi-florestal" (direita); as imagens superior e intermédia são de Kossa e as imagens inferiores são de Gumer.

Apêndice 4 Imagens que mostram uma plantação de Grevillea robusta para sombra de café no PC em Kossa.

Apêndice 5 Imagens mostrando uma vista parcial de uma mistura de diferentes espécies de árvores na plantação de café (à esquerda) e um café "semi-florestal" de 3 copas (à direita); ambas são de Gumer.

Apêndice 6 Imagens mostrando uma visão parcial das espécies de árvores clímax dominantes na plantação de café (esquerda) e no café "semi-florestal" (direita); as imagens superiores são de Kossa e as imagens inferiores são de Gumer. Na foto inferior esquerda, os CAFs dominados por O. welwitschii e contendo A. *adolfi-friendericii* estão localizados em lados opostos de um pequeno rio. O primeiro está virado para leste e o segundo para oeste.

Apêndice 7 Imagens que mostram uma visão parcial de algumas actividades num sistema agroflorestal de café em Gumer e Kossa.

Buy your books fast and straightforward online - at one of world's fastest growing online book stores! Environmentally sound due to Print-on-Demand technologies.

Buy your books online at
www.morebooks.shop

Compre os seus livros mais rápido e diretamente na internet, em uma das livrarias on-line com o maior crescimento no mundo! Produção que protege o meio ambiente através das tecnologias de impressão sob demanda.

Compre os seus livros on-line em
www.morebooks.shop

Printed by Books on Demand GmbH, Norderstedt / Germany